普通高等教育"十二五"规划教材

C语言程序设计
实训指导与习题解答

张思卿　谭晓玲　主　编
赵　娟　宋　斌　副主编

化学工业出版社

·北京·

本书是与《C 语言程序设计教程》配套的实训指导与习题解答，提供了 C 语言程序设计上机实验和习题解答的内容，同时为配合全国计算机等级考试二级 C 语言笔试，提供了近年部分真题与解析，以达到让学生全面掌握 C 语言的目的。本书深入浅出的讲解方式，也很适合广大计算机软件爱好者迅速、全面地掌握 C 语言程序设计的精髓。

本书适用于计算机专业的本科生、高职高专、专升本的学生使用，也可以作为大学各专业公共课教材和全国计算机等级考试参考书。

图书在版编目（CIP）数据

C 语言程序设计实训指导与习题解答 / 张思卿，谭晓玲主编. —北京：化学工业出版社，2012.5

普通高等教育"十二五"规划教材

ISBN 978-7-122-14186-6

Ⅰ. C… Ⅱ. ①张… ②谭 Ⅲ. C 语言-程序设计-高等学校-教学参考资料 Ⅳ. TP312

中国版本图书馆 CIP 数据核字（2012）第 087592 号

责任编辑：王昕讲

责任校对：边 涛　　　　　　　　　　　装帧设计：关　飞

出版发行：化学工业出版社（北京市东城区青年湖南街 13 号　邮政编码 100011）

印　　刷：北京永鑫印刷有限责任公司

装　　订：三河市万龙印装有限公司

787mm×1092mm　1/16　印张 13　字数 321　千字　　2012 年 8 月北京第 1 版第 1 次印刷

购书咨询：010-64518888（传真：010-64519686）　　售后服务：010-64518899

网　　址：http：// www.cip.com.cn

凡购买本书，如有缺损质量问题，本社销售中心负责调换。

定　　价：28.00 元

前　言

C语言是计算机中广泛使用的一种编程语言，其功能强大、使用灵活，兼备高级语言和汇编语言的优点，利用C语言编写的程序具有可移植性、执行效率高等优点。因而，C语言成为国内各高等院校为学生开设程序设计课程的首选。

《C语言程序设计教程》根据高等院校计算机基础教学改革的需要，结合编者多年讲授C语言程序设计课程的教学经验编写而成，其主要内容包括C语言概述，基本数据类型和运算，顺序结构程序设计，运算符和表达式，循环结构程序设计，数组，函数，编译预处理，指针，结构体与共用体，位运算，文件，C程序中常见错误等。

本书是与《C语言程序设计教程》配套的实训指导与习题解答，提供了C语言程序设计上机实验和习题解答的内容，同时提供了近年部分真题与解析，旨在培养学生用C语言进行程序设计和解决实际问题能力，着重加强程序设计思维方式和算法设计、分析能力的训练，以达到让学生全面掌握C语言的目的。

本书实训指导部分主要包括基本数据类型和运算、顺序结构程序设计、运算符和表达式、循环结构程序设计、数组、函数、编译预处理、指针、结构体与共用体、位运算、文件等方面的12个典型实验，与《C语言程序设计教程》相配套，各章都有对应的习题及其解答，为了配合全国计算机等级考试二级C语言笔试，还精选了全国计算机等级考试二级C部分笔试试题，并且做了详细的解析。我们将为使用本书的教师免费提供电子教案和教学资源，需要者可以到化学工业出版社教学资源网站http://www.cipedu.com.cn免费下载使用。

本书包括详细的实验训练指导，内容实用的习题及其解答，不仅适用于计算机专业的本科生、高职高专、专升本的学生使用，也可以作为大学各专业公共教材和全国计算机等级考试参考书，同时也很适合广大计算机软件初学者学习参考。

本书由郑州科技学院张思卿和重庆三峡学院谭晓玲担任主编，天津青年职业学院赵娟和南京理工大学宋斌担任副主编。具体编写人员分工为：张思卿编写了第一部分，谭晓玲编写第二部分的第1～4章，韩剑编写第二部分的第5～9章，赵娟编写第二部分的第10～12章，陈朝大编写了第三部分，宋斌编写了第四部分。

在本书的编写过程中，参考了其他同类教材和网络上的相关资源，在此向其作者表示衷心的感谢。由于编者水平有限，加上编写时间仓促，书中难免会有疏漏，殷切地希望广大读者提出宝贵意见。

编　者
2012年4月

目　录

第一部分　实训指导 ··1

　　实验一　C 程序的运行环境和运行一个 C 程序的方法 ·····················1

　　实验二　数据类型、运算符和表达式 ·······································2

　　实验三　最简单的 C 程序设计 ···3

　　实验四　选择结构程序设计 ··4

　　实验五　循环结构程序设计 ··7

　　实验六　数组 ···8

　　实验七　函数 ··10

　　实验八　编译预处理 ···13

　　实验九　指针 ··14

　　实验十　结构体和共用体 ···18

　　实验十一　位运算 ···18

　　实验十二　文件 ··20

第二部分　各章习题 ···22

　　第 1 章　C 语言概述 ···22

　　第 2 章　基本数据类型和运算 ···23

　　第 3 章　顺序结构程序设计 ··27

　　第 4 章　运算符和表达式 ···32

　　第 5 章　循环结构程序设计 ··42

　　第 6 章　数组 ···51

　　第 7 章　函数 ···58

　　第 8 章　编译预处理 ···62

　　第 9 章　指针 ···64

　　第 10 章　结构体与共用体 ··68

　　第 11 章　位运算 ···71

　　第 12 章　文件 ··73

第三部分　习题解答 ···82

　　第 1 章　C 语言概述 ···82

　　第 2 章　基本数据类型和运算 ···82

　　第 3 章　顺序结构程序设计 ··82

　　第 4 章　运算符和表达式 ···83

　　第 5 章　循环结构程序设计 ··84

　　第 6 章　数组 ···87

　　第 7 章　函数 ···96

第 8 章　编译预处理 ··· 102

第 9 章　指针 ·· 103

第 10 章　结构体与共用体 ·· 118

第 11 章　位运算 ··· 120

第 12 章　文件 ·· 122

第四部分　全国计算机等级考试二级 C 部分笔试试题及解析 ··············· 127

2009 年 3 月笔试试题及解析 ·· 127

2009 年 9 月笔试试题及解析 ·· 140

2010 年 3 月笔试试题及解析 ·· 155

2010 年 9 月笔试试题及解析 ·· 171

2011 年 9 月笔试试题及解析 ·· 185

参考文献 ··· 201

第一部分 实训指导

实验一 C 程序的运行环境和运行一个 C 程序的方法

一、实验目的

（1）了解所用的计算机系统。

（2）了解在该系统上如何进行编辑、编译、连接和运行一个 C 程序。

（3）通过运行简单的 C 程序了解 C 程序的特点。

二、实验内容

（1）熟悉所用的系统。了解 Windows 资源管理器的使用方法：文件的查看、复制、运行等方法，Visual C++所在目录，文本文件的建立方法。

（2）进入 Visual C++，并新建一个 C++源程序文件。

（3）熟悉 Visual C++的集成环境，了解各菜单项有哪些子菜单。

（4）输入下面的程序，注意区分大小写。

```
#include<stdio.h>
void main()
{
printf("This is a C program.\n");
}
```

编译并运行程序。

（5）关闭工作区，新建一个程序，然后输入并运行一个需要在运行时输入数据的程序

```
#include<stdio.h>
void main()
{int a,b,c;
int  max(int x,int y);
printf("input a and b:");
scanf("%d,%d",&a,&b);
c=max(a,b);
printf("\nmax=%d",c);
}
int  max(int x,int y)
{int z;
if(x>y)  z=x;
else  z=y;
return(z);
}
```

① 运行程序，若程序有错，则修改错误后继续运行程序，当没有错误信息时输入：2，5 并按 Enter 键，查看运行结果。

② 将程序的第 3 行改为：int a;b;c；然后按 F9 键看结果如何，将其修改为 int a,b,c；将子程序 max 的第 3，4 行合并为一行，运行程序，看结果是否相同。

（6）运行一个自己编写的程序，程序的功能是输出两行文字。

实验二 数据类型、运算符和表达式

一、实验目的

（1）掌握 C 语言数据类型，熟悉如何定义一个整型、字符型和实型的变量，以及对它们赋值的方法。

（2）掌握不同数据类型之间赋值的规律。

（3）学会使用 C 语言的有关算术运算符，以及包含这些运算符的表达式，特别是自加（＋＋）和自减（－－）运算符的使用。

（4）进一步熟悉 C 语言程序的编辑、编译、连接和运行的过程。

二、实验内容

1）输入并运行下面的程序

```
#include<stdio.h>
void main()
{char  c1, c2;
c1='a';
c2='b';
printf("%c %c",c1, c2);
}
```

（1）运行此程序。

（2）加入下面的一个语句作为"}"前的最后一个语句：

```
printf("%d,%d\n",c1, c2);
```

（3）将第 3 行改为：

```
int  c1, c2;
```

然后再运行程序，并观察结果是否相同。

（4）将第 3 行改为 int c1, c2;将第 4，5 行依次改为：

```
c1=a;c2=b;
c1="a";c2="b"
c1=300;c2=400;
```

每改为一次后运行程序，观察结果。

2）输入并运行下面的程序

```
#include<stdio.h>
void main()
{int a,b;
unsigned c,d;
```

```
long e,f;
a=100;
b=-100;
e=50000;
f=32767;
c=a;
d=b;
printf("%d,%d\n",a,b);
printf("%u,%u\n",a,b);
printf("%u,%u\n",c,d);
c=a=e;
d=b=f;
printf("%d,%d\n",a,b);
printf("%u,%u\n",c,d);
}
```

请对照程序和运行结果分析：

① 将一个负整数赋给一个无符号的变量，会得到什么结果。画出它们在内存中的表示形式。

② 将一个大于 32767 的长整数赋给一个整型变量，会得到什么结果。画出它们在内存中的表示形式。

③ 将一个长整数赋给无符号的变量，会得到什么结果。画出它们在内存中的表示形式。

实验三　最简单的 C 程序设计

一、实验目的
（1）掌握 C 语言中使用最多的一种语句——赋值语句的使用方法。
（2）掌握各种类型数据的输入输出方法，能正确使用各种格式输出符。

二、实验内容
（1）掌握各种格式输出符的使用方法。

```
#include<stdio.h>
void main()
{int a,b;
float d,e;
char c1,c2;
double f,g;
long n,m;
unsigned p,q;
a=61;b=62;
c1='a';c2='b';
d=3.56; e=-6.87;
```

```
f=3156. 890121;g=0.123456789;
m=50000;n=-60000;
p=32768;q=40000;
printf("a=%d,b=%d\nc1=%c,c2=%c\nd=%6.2f,e=%6.2f\n",a,b,c1,c2,d,e);
printf("f=%15.6f,g=%15.12f\nm=%ld,n=%ld\np=%u,q=%u\n",f,g,m,n,
p,q);
}
```

① 运行此程序并分析运行结果。

② 在此基础上，修改程序的第 9～14 行：

```
a=61;b=62;
c1=a;c2=b;
f=3156, 890121;g=0.123456789;
d=f;e=g;
p=a=m=50000;q=b=n=-60000;
```

运行程序，分析运行结果。

③ 将第 9～14 行改为以下的 scanf 语句，即用 scanf 函数接收从键盘输入的数据：

```
scanf("%d,%d,%c,%c,%f,%f,%lf,%lf,%ld,%ld,%u,%u",&a,&b,&c1, &c2,
&d, &e, &f, &g, &m, &n, &p, &q);
```

运行程序（无错误的情况下）输入数据如下：

```
61,62,a,b,3.56,-6.87,3156,890121,0.123456789,50000,-60000,32768,
40000
```

（2）编写程序，用 getchar 函数读入两个字符给 c1，c2，然后分别用 putchar 函数和 printf 函数输出这两个字符。

实验四 选择结构程序设计

一、实验目的
（1）了解 C 语言表示逻辑值的方法。
（2）学会正确使用逻辑运算符和逻辑表达式的方法。
（3）熟悉 if 语句和 switch 语句。
（4）结合程序掌握一些简单的算法。
（5）学习调试程序的方法。

二、实验内容
本实验要求编程解决以下问题，然后上机调试运行程序。

（1）$y = \begin{cases} x & x < 1 \\ 2x - 1 & 1 \leqslant x < 10 \\ 3x - 11 & x \geqslant 10 \end{cases}$

用 scanf 函数输入 x 的值，求 y 的值。

程序提示：

main() 函数的结构如下：

定义实型变量 x 与 y

使用 scanf 函数输入 x 的值

```
if  x<1
    y=x
else
    if  x<10
        y=2x-1
    else
        y=3x-11
```

输出 x 的值与 y 的值

（2）给出一个百分制的成绩，要求输出成绩等级 A，B，C，D，E。90 分及以上为 A，80～89 为 B，70～79 为 C，60～69 为 D，60 分以下为 E。要求从键盘输入成绩，然后输出相应等级，分别用 if 语句和 switch 语句实现。

程序提示：

① 使用 if 语句的 main 函数结构如下：

定义 float 型变量 score，char 型变量 grade

输入百分制成绩赋给 score

```
if  score>=90
    grade='A'
else  if  score>=80
        grade='B'
    else  if  score>=70
            grade='C'
        else  if  score>=60
                grade='D'
            else  grade='E'
```

输出百分制成绩和等级。

② 使用 switch 语句的 main 函数结构如下：

定义 float 型变量 score，char 型变量 grade

输入百分制成绩赋给 score

```
switch(int(score/10))
{
case  10:
case  9:   grade='A';break;
case  8:   grade='B';break;
case  7:   grade='C';break;
case  6:   grade='D';break;
default:   grade='E';break;
}
```

输出百分制成绩和等级

（3）编程实现：输入一个不多于 5 位的正整数，要求：① 输出它是几位数，② 分别输出每一位数字，③ 按逆序输出各位数字，如原数为 321，则应输出 123。

应准备以下测试数据

要处理的数为 1 位正整数；

要处理的数为 2 位正整数；

要处理的数为 3 位正整数；

要处理的数为 4 位正整数；

要处理的数为 5 位正整数；

除此之外，程序还应当对不合法的输出作必要的处理。例如：

输入负数；

输入的数超过 5 位；

程序提示：

main 函数结构如下。

定义 long 型变量 num，int 型变量 c1,c2,c3,c4,c5

输入一个不超过 5 位的正整数赋给 num

```
if   num>99999
    输出：输入的数超过 5 位
else if   num<0
    输出：输入的数是一个负数
    else
    {
求得 num 的各位数分别赋给 C1，C2，C3，C4，C5
c1=num/10000;
c2=(num-c1*10000)/1000;
c3=(num/100)%10;
c4=(num/10)%10;
c5=num%10;
if(c1>0)
    {printf("\n%ld是一个 5 位数\n",num);
     printf("其各位分别为:%1d,%1d,%1d,%1d,%1d\n",c1,c2,c3,c4,c5);
     printf("逆序输出为:%1d%1d%1d%1d%1d\n",c5,c4,c3,c2,c1);
    }
else if(c2>0) 是 4 位数，输出其各位，格式与 5 位数类似
else if(c3>0) 是 3 位数，输出其各位，格式与 5 位数类似
else if(c4>0) 是 2 位数，输出其各位，格式与 5 位数类似
else if(c5>0) 是 1 位数，输出其各位，格式与 5 位数类似
}
```

（4）编程实现：输入 4 个整数，要求按由小到大的顺序输出。得到正确的结果后，修改程序使之按由大到小的顺序输出。

main 函数结构如下：

```
int a,b,c,d,t;
输入 4 个整数:赋给 a,b,c,d;
if(a>b) 交换 a,b
if(a>c) 交换 a,c
if(a>d) 交换 a,d
if(b>c) 交换 b,c
if(b>d) 交换 b,d
if(c>d) 交换 c,d
输出 a,b,c,d
```

实验五　循环结构程序设计

一、实验目的

熟悉使用 while 语句，do-while 语句和 for 语句实现循环的方法。掌握在程序设计中用循环的方法实现一些常用算法（如穷举、迭代、递推等）。

二、实验内容

（1）上机完成：输入两个正整数 m 和 n，求出它们的最大公约数和最小公倍数。

输入时，使 m<n，观察结果是否正确；

再输入时使 m>n，观察结果是否正确；

修改程序使对任何的整数都能得到正确的结果。

程序提示：

main()函数的结构如下：

```
int m,n,r,tm,tn;
输入两个正整数赋给 m,n
tm=m;tn=n;
if(m<n) 交换 m,n
r=m%n;
while(r)
{
    m=n;
    n=r;
    r=m%n;
}
输出最大公约数 n 和最小公倍数 m*tn/n;
```

（2）编写程序利用公式：$e=1+\dfrac{1}{1!}+\dfrac{1}{2!}+\cdots+\dfrac{1}{n!}$ 求 e 的近似值，精确到小数后 6 位。

程序提示：

main()函数的算法为：

定义 int 型变量 n,i，double 型变量 e,p,t

输入 n 的值

e=1;t=1;p=1;i=1

```
while(t>=1e-7)
    {e=e+t;
     i++;
    p=p*i;
    t=1.0/p;
    }
```
输出 e 的值

（3）编程求 1 到 n 中能被 3 或 7 整除的数之和。分别用 for 循环语句和 while 循环语句完成本题。

程序提示：

for 循环语句的主要算法如下：

```
for(i=1;i<=n;i++)
    if i 能被 3 或 7 整除
        sum=sum+i
```

while 循环语句的主要算法如下：

```
while(i<=n)
    if i 能被 3 或 7 整除
        sum=sum+i++;
```

（4）上机完成猴子吃桃问题。猴子第一天摘下若干个桃子，当即吃了一半，还不过瘾，又多吃了一个。第二天早上又将剩下的桃子吃掉了一半，又多吃了一个。以后每天早上都吃了前一天剩下的一半零一个。到第 10 天早上想再吃时，见只剩下一个桃子了。求第一天共摘了多少桃子。

在得到正确结果后，修改题目，改为每天早上都吃了前一天剩下的一半加两个，请修改程序，并运行，检查运行结果是否正确。

程序提示：

使用以下循环结构

```
x=1
for(i=9;i>=1;i--)
x=2*x+1
```

实验六　数　　组

一、实验目的

（1）掌握一维数组与二维数组的定义、赋值及输入输出方法。

（2）掌握字符数组和字符串函数的使用。

（3）掌握与数组有关的算法（特别是排序算法）。

二、实验内容

（1）用选择法对 10 个整数排序。10 个整数用 scanf 函数输入。

程序提示：

输入 10 个整数存放到数组 a 的 a[1] 到 a[10] 中。

输出 10 个数。

```
for(i=1;i<10;i++)
        {
            min=i;
            for(j=i+1;j<=10;j++)
                if(a[min]>a[j]) min=j;
            交换 a[i]与 a[min]
        }
```

输出排序后的 10 个数。

（2）有 15 个数存放在一个数组中，输入一个数要求用折半查找法找出该数是数组中的第几个元素的值，如果该数不在数组中，则输出无此数,要找的数用 scanf 函数输入。

程序提示：

用循环语句输入 15 个数。

调用排序算法对其进行排序。

```
while(flag)
    {
        输入要查找的数
        loca=0;
        top=0;
        bott=N-1;
        if(number<a[0]||number>a[N-1]) loca=-1;
        while(sign==1&&top<=bott&&loca>=0)
        {
            mid=(bott+top)/2;
            if(number==a[mid])
                {loca=mid;
                printf("找到了,数%d在数组的第%d位、\n",number,loca+1);
                sign=0;}
            else if(number<a[mid])  bott=mid-1;
                else top=mid+1;
        }
        if(sign==1||loca==-1) printf("\n 查无此数\n");
        printf("\n 是否继续查找？(Y/N)");
        scanf("%c",&c);getchar();
        printf("\n");
        if(c=='N'||c=='n')  flag=0;
    }
```

（3）将两个字符串连接起来，不要用 strcat 函数。

程序提示：

分别输入二个字符串。

i 指向第一个数组的最后一个空数组元素

```
while(s2[j]!='\0')
    s1[i++]=s2[j++];
s1[i]='\0';
```

输出连接后的字符串。

（4）找出一个二维数组的"鞍点"，即该位置上的元素在该行上最大，在该列上最小。也可能没有鞍点。至少准备两组测试数据：

① 二维数组有鞍点。

9	80	205	40
90	−60	96	1
210	−3	101	89

② 二维数组没有鞍点。

9	80	205	40
90	−60	96	1
210	−3	101	89
45	54	156	7

用 scanf 函数从键盘输入数组的各元素的值，检查结果是否正确，题目未指定二维数组的行数和列数，程序应能处理任意行数和列数的数组。

程序提示：

输入矩阵。

```
flag2=0;//矩阵中无鞍点
    for(i=0;i<n;i++)//找第 i 行的鞍点
    {
        max=a[i][0];maxj=0;
        用 for 循环语句找第 i 行的最大值存放在 max 中，其下标 j 保存到 maxj 中
        for(k=0,flag1=1;k<n&&flag1;k++)
                        //判断 max 是否在该列上最小 flag1=0 则不是最小
            if(max>a[k][maxj]) flag1=0;//max 不是该列的最小元素
        if(flag1)
        {
            printf("\n 第%d 行第%d 列的%d 是鞍点\n",i+1, maxj+1, max);
            flag2=1;
        }
    }//endfori
    if(!flag2) printf("\n 矩阵中无鞍点\n");
```

实验七　函　　数

一、实验目的

（1）掌握定义函数的方法。

（2）掌握函数实参及形参的对应关系以及"值传递"方式。

（3）掌握函数的嵌套调用和递归调用的方法。

（4）掌握全局变量和局部变量，动态变量、静态变量的概念和使用方法。

（5）学会对多文件程序的编译和运行。

二、实验内容

（1）写出一个判别素数的函数，在主函数中输入一个整数，输出这个整数是否为素数的信息。本程序应准备以下测试数据：17，34，2，1，0，分别输入数据，运行程序并检查结果是否正确。

程序提示：

求素数函数如下：

```
int prime(int n)
{if n<2  return 0
    for(i=2;i<n/2;i++)
        if  n能被i整除  return 0;
    return 1;
}
```

在 main()函数中输入一个整数赋给变量 n，通过 prime(n)判断其是不是素数，若函数值为 1 则是素数，否则不是素数。

（2）用一个函数来实现将一行字符串中最长的单词输出。此行字符从主函数传递给该函数。

① 把两个函数放在同一个程序文件中。

② 将两个函数分别放在两个程序文件中，作为两个文件进行编译、连接和运行。

程序提示：

寻找最长单词的起始位置函数：

```
int longest(char string[])
//n为字符串的长度，len为每个单词的长度
//length为最长单词的长度，point为最长单词的起始位置
//函数返回最长单词的起始位置
{
    int len=0,i,n,length=0,flag=, place=0,point;
    n=strlen(string);
    for(i=0;i<=n;i++)
        if    string[i]为英文字母
            if(flag) {point=i;flag=0;}
            else len++;
        else
        {
            flag=1;
            if(len>=length)
            {
```

```
                    length=len;
                    place=point;
                    len=0;
                }
            }
        return place;
    }
```

在 main()函数中输入一行字符，然后调用上面的函数取得最长字符的开始位置，从该位置开始输入数组元素，直到输出的数组元素不是英文字母时止。

（3）用递归法将一个整数 n 转换成字符串。例如输入 483. 应输出字符串"483"。n 的位数不确定，可以是任意的整数。

程序提示：

```
void convert(int n)
{
    int i;
    if((i=n/10)!=0)
        convert(i);
    putchar(n%10+'0');
}
```

在 main()函数中输入一个整数，然后先输出该数的符号，然后调用函数 convert(n)。

（4）求两个整数的最大公约数和最小公倍数。用一个函数求最大公约数用另一个函数根据求出的最大公约数求最小公倍数。分别用下面的两种方法编程。

① 不用全局变量，在主函数中输入两个数和输出结果。

② 用全部变量的方法，数据的传递通过全部变量的方法。

程序提示：

使用下面函数求最大公因子，其中 v 为最大公因子，若将 v 设为外部变量，则可不使用 return 语句。

```
int hcf(int u,int v)//求最大公因子
{
    int t,r;
    if(v>u){t=u;u=v;v=t;}
    while((r=u%v)!=0)//余数 r 不为 0 时继续作辗转相除法
    {u=v;v=r;}
    return(v);
}
```

（5）写一个函数，输入一个十六进制数，输出相应的十进制数。

程序提示：

输入时将十六进制数作为一个字符串输入，然后将其每一个字符转换成十进制数并累加，转换方法如下：

```
if(s[i]>'0'&&s[i]<='9')
```

```
        n=n*16+s[i]-'0';
    if(s[i]>='a'&&s[i]<='f')
        n=n*16+s[i]-'a'+10;
    if(s[i]>='A'&&s[i]<='F')
        n=n*16+s[i]-'A'+10;
```

实验八　编译预处理

一、实验目的
（1）掌握宏定义的方法。
（2）掌握文件包含处理的方法。
（3）掌握条件编译的方法。

二、实验内容
（1）定义一个带参数的宏，使两个参数的值互换。在主函数中输入两个数作为使用宏的实参，输出已交换后的两个值。

程序提示：
使用以下宏定义：

`#define SWAP(a,b)  t=b;b=a;a=t`

调用格式：SWAP(a,b);

（2）设计输出实数的格式，包括：① 一行输出一个实数，② 一行内输出两个实数，③ 一行内输出 3 个实数。实数用%6.2f 格式输出。用一个文件 printf_format.h 包含以上用#define 命令定义的格式，编写一程序，将 printf_format.h 包含到程序中，在程序中用 scanf 函数读入 3 个实数给 f1，f2，f3，然后用上面定义的3 种格式分别输出：f1；f1，f2；f1，f2，f3。

程序提示：
使用以下宏定义：

```
#define PR printf
#define NL "\n"
#define Fs "%f"
#define F "%6.2f"
#define F1 F NL
#define F2 F "\t" F NL
#define F3 F"\t" F"\t" F NL
```

然后再建立一个 C 程序，程序内容如下：

```
#include<stdio.h>
#include"p_f.h"
void main()
{
    float f1, f2, f3;
    PR("Input three floating numbers f1, f2, f3:\n");
    scanf(Fs,&f1);
```

```
scanf(Fs,&f2);
scanf(Fs,&f3);
PR(NL);
PR("Output one floating number each line:\n");
PR(F1, f1);
PR(F1, f2);
PR(F1, f3);
PR(NL);
PR("Output two number each line:\n");
PR(F2, f1, f2);
PR(NL);
PR("Output three number each line:\n");
PR(F3, f1, f2, f3);
}
```

实验九　指　针

一、实验目的
（1）通过实验进一步掌握指针的概念，会定义和使用指针变量。
（2）能正确使用数组的指针和指向数组的指针变量。
（3）能正确使用字符串的指针和指向字符串的指针变量。
（4）能正确使用指向函数的指针变量。
（5）了解指向指针的指针的概念及其使用方法。

二、实验内容
以下程序要求使用指针处理。

（1）输入 3 个整数，按由小到大的顺序输出。运行无错后改为：输入三个字符串，按由小到大的顺序输出。

程序提示：

先排序，排序时交换两个数，可使用以下函数：

```
void swap(int *p1, int *p2)
{
    int p;
    p=*p1;
    *p1=*p2;
    *p2=p;
}
```

调用格式为 swap(&a,&b)，可实现 a 与 b 的交换。

字符串的交换使用以下函数：

```
void swap(char *p1, char *p2)
{
```

```
        char p[80];
        strcpy(p,p1);strcpy(p1, p2);strcpy(p2, p);
}
```

main 函数结构如下:

```
int n1, n2, n3, *p1, *p2, *p3;
void swap(int *p1, int *p2);
```

输入 3 个数或 3 个字符串。

p1, p2, p3 分别指向这 3 个数。

```
if(n1>n2) swap(p1, p2);
if(n1>n3) swap(p1, p3);
if(n2>n3) swap(p2, p3);
```

输出这 3 个数。

（2）将一个 3×3 的矩阵转置，用一个函数实现。

在主函数中用 scanf 函数输入以下矩阵元素:

1   3   5

7   9   11

13   15   17

将数组名作为函数参数，在执行函数的过程中实现矩阵转置，函数调用结束后在主函数中输出转置后的矩阵。

程序提示：使用下面函数实现矩阵转置。

```
void move(int *p)
{
    int i,j,t;
    for(i=0;i<3;i++)
        for(j=i;j<3;j++)
        {
            t=*(p+3*i+j);
            *(p+3*i+j)=*(p+3*j+i);
            *(p+3*j+i)=t;
        }
}
```

main()函数的结构如下:

```
int a[3][3],*p,i;
void move(int *p);
```

用 for 循环语句输入矩阵。

```
p=&a[0][0];
move(p);
```

输出矩阵。

（3）有 n 个人围成一个圈，顺序排号，从第一个人开始报数（从 1 到 3 报数），凡报到 3 的人退出圈子，问最后留下的是原来第几号的那位。

程序提示：报数程序段如下：

```
for(i=0;i<n;i++)
      *(p+i)=i+1;
    i=0;//i为现正报数的人的编号
    k=0;//k为1.2.3计数时的计数变量
    m=0;//m为退出的人数
    while(m<n-1)
    {
        if(*(p+i)!=0)k++;
        if(k==3)//对退出的人的编号置0
        {
            *(p+i)=0;
            k=0;
            m++;
        }
        i++;
        if(i==n)i=0;
    }
```

（4）用一个函数实现两个字符串的比较，即写一个 strcmp 函数，函数的原型为：

```
int strcmp(char *p1, char *p2);
```

设 p1 指向字符串 s1，p2 指向字符串 s2。要求当两个字符相同时返回 0，若两个字符串不相等，则返回返回它们二者第一个不同字符的 ASCII 码的差值。两个字符串 s1, s2 由主函数输入，strcmp 函数的返回值也由主函数输出。

程序提示：使用以下函数进行比较：

```
int strcmp(char *p1, char *p2)
{
    int i=0;
    while(*(p1+i)==*(p2+i))
        if(*(p1+i++)=='\0') return 0;
    return *(p1+i)-*(p2+i);
}
```

（5）写一个用矩形法求定积分的通用函数，分别求：

$$\int_0^1 \sin x\,dx \qquad \int_{-1}^1 \cos dx \qquad \int_0^2 e^x dx$$

说明：积分中用到的3个函数已在系统的数学函数库中，程序开头要加#include<math.h>
调用格式为 sin(x),cos(x),exp(x)

程序提示：求积分函数如下：

```
float integral(float (*p)(float),float a,float b,int n)
{
    int i;
```

```
    float x,h,s;
    h=(b-a)/n;
    x=a;
    s=0;
    for(i=0;i<n;i++)
    {
        x=x+h;
        s=s+(*p)(x)*h;
    }
    return(s);
}
```
调用格式：
```
float  (*p)(float);
float fsin(float);
p=fsin;
c=integral(p,a1, b1, n);
```
fsin 函数如下：
```
float fsin(float x)
{return sin(x);}
```
（6）用指向指针的指针的方法对 n 个整数排序并输出。要求将排序单独写成一个函数，n 和各整数在主函数中输入，最后在主函数中输出。

程序提示：排序函数如下：
```
void sort(int **p,int n)
{
    int i,j,*temp;
    for(i=0;i<n-1;i++)
     for(j=i+1;j<n;j++)
       if(**(p+i)>**(p+j))
          {temp=*(p+i);  *(p+i)=*(p+j);  *(p+j)=temp;}
}
```
main()函数如下：
```
void main()
{
    void sort(int **p,int n);
    int i,n,data[10],**p,*pstr[10];
    printf("Input n:");
    scanf("%d",&n);
    for(i=0;i<n;i++)
        pstr[i]=&data[i];
    printf("\nInput %d integer number:\n",n);
```

```
for(i=0;i<n;i++)
    scanf("%d",pstr[i]);
p=pstr;
sort(p,n);
printf("\nNow,the sequence is:\n");
for(i=0;i<n;i++)
    printf("%5d",*pstr[i]);
printf("\n");
}
```

实验十　结构体和共用体

一、实验目的
（1）掌握结构体类型变量的定义和使用。
（2）掌握结构体类型数组的概念和使用。
（3）掌握链表的概念，初步学会对链表进行操作，学会在函数之间传送链表的方法。
（4）掌握共用体的概念与使用。

二、实验内容
编写一个程序使用动态链表实现下面的功能：
① 建立一个链表用于存储学生的学号、姓名和三门课程的成绩和平均成绩；
② 输入学号后输出该学生的学号、姓名和三门课程的成绩；
③ 输入学号后删除该学生的数据；
④ 插入学生的数据；
⑤ 输出平均成绩在 80 分及以上的记录；
⑥ 退出。
要求用循环语句实现②～⑤的多次操作

程序提示：参照教材中建立链表程序。
链表头指针的传递使用 return 语句，或使用二级指针，请参考上课课件。

说明：本实验为设计性实验，程序由学生自己完成，实验报告打印后上交，同时上交源程序。

实验十一　位　运　算

一、实验目的
（1）掌握按位的概念和方法，学会使用位运算符。
（2）学会通过位运算实现对某些位的操作。

二、实验内容
（1）编写一个程序，检查所用的计算机系统的 C 语言的编译在执行右移时是按照逻辑右移的原则，还是按照算术右移的原则进行操作。如果是逻辑右移，则请编写一个函数实现算术右移，若是算术右移，则请编写一个函数实现逻辑右移。

程序提示:

```
unsigned getbits1(unsigned value,int n)
{
    unsigned z;
    z=~0;
    z=z>>n;
    z=~z;
    z=z|(value>>n);
    return(z);
}
unsigned getbits2(unsigned value,int n)
{
    unsigned z;
    z=(~(1>>n))&(value>>n);
    return z;
}
```

main()函数的内容如下:

```
int a,n,m;
    unsigned getbits1(unsigned value,int n);
    unsigned getbits2(unsigned value,int n);
    a=~0;
    if((a>>5)!=a)
    {
        printf("\nlogical move!\n");
        m=0;
    }
    else
    {
        printf("\n arithmetic move!\n");
        m=1;
    }
    printf("Input an octal number:");
    scanf("%o",&a);
    printf("\nHow many digit move owards the right:");
    scanf("%d",&n);
    if(m==0)
        printf("\nArithmetic right move,result:%o\n",getbits1(a,n));
    else
        printf("Logical right move,result:%o",getbits2(a,n));
```

(2) 编写一个函数 getbits，从一个 16 位的单元中取出某几位（即这几位保留原值，其余位为 0），函数调用形式为：

getbits(value,n1. n2)

value 为该 16 位数的值，n1 为欲取出的起始位，n2 为欲取出的结束位。要求用八进制数输出这几位。注意，应先将这几位右移到最右端，然后用八进制形式输出。

程序提示：

```
unsigned getbits(unsigned value,int n1. int n2)
{
    unsigned z;
    z=~0;
    z=(z>>n1)&(z<<(16-n2));
    printf("%o",z);
    z=value&z;
    z=z>>(16-n2);
    return z;
}
```

（3）设计一个函数，使给出一个函数的原码，输出该数的补码。

程序提示：

```
unsigned getbits(unsigned value)
{
  unsigned int z;
  z=value&0100000;
  if(z==0100000)
      z=~value+1;
  else
      z=value;
  return z;
}
```

实验十二　文　　件

一、实验目的

（1）掌握文件、缓冲文件系统、文件指针的概念。

（2）学会使用文件的打开、关闭、读、写等文件操作函数。

（3）学会用缓冲文件系统对文件进行简单的操作。

二、实验内容

（1）建立一个程序，用于产生 200 组算式，每组算式包括一个两位数的加法、减法（要求被减数要大于减数）、乘法和两位数除以一位数的除法算式，每一组为一行，将所有的算式保存到文本文件 d:\a.txt 中。

程序提示：

```
#include<stdio.h>
```

```
#include<stdlib.h>
void main()
{FILE *fp;
int i,a,b,t;
fp=fopen("d:\\a.txt","w");
for(i=1;i<=200;i++)
  {
    a=rand()%100;b=rand()%100;
     if(b<2)  b=b+2;
    fprintf(fp,"\t%2d+%2d=    ",a,b);
    a=rand()%100;b=rand()%100;
     if(a<b) {t=a;a=b;b=t;}
    fprintf(fp,"\t%2d-%2d=    ",a,b);
    a=rand()%100;b=rand()%100;
    fprintf(fp,"\t%2d×%2d=    ",a,b);
    a=rand()%100;b=rand()%10;
     if(b<2)  b=b+2;if(a<10)  a=a+10;
    fprintf(fp,"\t%2d÷%2d=    ",a,b);
    fprintf(fp,"\n");
}
fclose(fp);
  }
```

（2）在 Word 中打开 d:\a.txt 文件，查看文件的内容是否正确。

（3）向 d:\a.txt 文件追加 100 组算式，每组算式包括一个一位数的加法、减法。

程序提示：对第（1）题程序进行适当修改（修改打开方式与循环语句），即可完成第（3）题。

第二部分 各 章 习 题

第1章 C 语言概述

一、选择题

1. 一个 C 语言程序的执行是从_____。

    A）本程序的 main()函数开始，到 main()函数结束

    B）本程序文件的第一个函数开始，到本程序文件的最后一个函数结束

    C）本程序文件的第一个函数开始，到本程序 main()函数结束

    D）本程序的 main()函数开始，到本程序文件的最后一个函数结束

2. 以下叙述不正确的是_____。

    A）一个 C 语言源程序必须包含一个 main()函数

    B）一个 C 语言源程序可由一个或多个函数组成

    C）C 语言程序的基本组成单位是函数

    D）在 C 语言程序中，注释说明只能位于一条语句的后面

3. 以下叙述正确的是_____。

    A）在对一个 C 语言程序进行编译的过程中，可发现注释中的拼写错误

    B）在 C 语言程序中，main()函数必须位于程序的最前面

    C）C 语言本身没有输入输出语句

    D）C 语言程序的每行中只能写一条语句

4. 一个 C 语言程序是由_____。

    A)一个主程序和若干个子程序组成

    B）函数组成

    C）若干过程组成

    D）若干子程序组成

5. 一个算法应该具有"确定性"等 5 个特性，下面对另外 4 个特性的描述中错误的是_____。

    A）有零个或多个输入   B）有零个或多个输出

    C）有穷性   D）可行性

6. 以下叙述中正确的是_____。

    A）C 语言的源程序不必通过编译就可以直接运行

    B）C 语言的每条可执行语句最终都将被转换成二进制的机器指令

    C）C 语言的源程序经编译形成的二进制代码可以直接运行

    D）C 语言的函数不可以单独进行编译

7. 对用 C 语言编写的代码程序，以下叙述中哪个是正确的_____。

A）可立即执行　　　　　　　　　　　B）是一个源程序

C）经过编译即可执行　　　　　　　　D）经过编译解释才能执行

8．有一个命名为 C001.C 的 C 语言源程序，当正常执行后，在当前目录下不存在的文件是_____。

A）C001.OBJ　　　　　B）C001.DAT　　　　　C）C001.EXE　　　　　D）C001.C

二、填空题

1．结构化程序由_____、_____、_____3 种基本结构组成。

2．模块化程序设计的设计原则是_____和_____。

3．组成 C 程序的基本单位是_____，其组成部分包括_____和_____。

4．C 程序中的 main()称_____，可以出现在程序的_____位置。

5．由"/*"和"*/"括起来的内容称为_____，它的作用是_____。

6．描述算法的常用方法有：_____。

第 2 章　基本数据类型和运算

一、选择题

1．若 x、i、j、k 都是 int 型变量，则计算下面表达式后，x 的值为_____。

x=(i=4, j=16, k=32)

A）4　　　　　　　　B）16　　　　　　　　C）32　　　　　　　　D）52

2．下列 4 组选项中，均不是 C 语言关键字的选项是_____。

A）define　　　　　　IF　　　　　　　　type

B）getc　　　　　　　char　　　　　　　printf

C）include　　　　　　case　　　　　　　scanf

D）while　　　　　　　go　　　　　　　　pow

3．下列 4 组选项中，均是不合法的用户标识符的选项是_____。

A）W　　　　　　　　P_0　　　　　　　　do

B）b-a　　　　　　　goto　　　　　　　　int

C）float　　　　　　　la0　　　　　　　　_A

D）–123　　　　　　　abc　　　　　　　　TEMP

4．下列 4 组选项中，均是合法转义字符的选项是_____。

A）'\"'　　　　　　　'\\'　　　　　　　　'\n'

B）'\'　　　　　　　'\017'　　　　　　　'\"'

C）'\018'　　　　　　'\f'　　　　　　　　'xab'

D）'\\0'　　　　　　'\101'　　　　　　　'xlf'

5．下面正确的字符常量是_____。

A）"c"　　　　　　　B）'\\'　　　　　　　C）' '　　　　　　　D）'K'

6．以下叙述不正确的是_____。

A）在 C 语言程序中，逗号运算符的优先级最低

B）在 C 语言程序中，MAX 和 max 是两个不同的变量

C）若 a 和 b 类型相同，在计算了赋值表达式 a=b 后，b 中的值将放入 a 中，b 中的

值不变

D）当从键盘输入数据时，对于整型变量只能输入整型数值，对于实型变量只能输入实型数值

7. 以下叙述正确的是_____。

A）在 C 语言程序中，每行只能写一条语句

B）若 a 是实型变量，C 语言程序中允许赋值 a=10，因此实型变量中允许存放整型数

C）在 C 语言程序中，%是只能用于整数运算的运算符

D）在 C 语言程序中，无论是整数还是实数，都能被准确无误地表示

8. 已知字母 A 的 ASCII 码为十进制数 65，且 c2 为字符型，则执行语句 c2='A'+'6'-'3' 后，c2 中的值为_____。

A）D   B）68   C）不确定的值   D）C

9. sizeof(float)是_____。

A）一个双精度型表达式   B）一个整型表达式

C）一种函数表达式   D）一个不合法的表达式

10. 设 C 语言中，一个 int 型数据在内存中占 2B，则 unsigned int 型数据的取值范围为_____。

A）0～255   B）0～32767   C）0～65535   D）0～2147483647

11. 设有说明：char w; int x; float y; double z; 则表达式 w*x+z-y 值的数据类型为_____。

A）float   B）char   C）int   D）double

12. 设以下变量均为 int 类型，则值不等于 7 的表达式是_____。

A）(x=y=6,x+y,x+1)   B）(x=y=6,x+y,y+1)

C）(x=6,x+1,y=6,x+y)   D）(y=6,y+1,x=y,x+1)

13. 属于合法的 C 语言长整型常量的是_____。

A）5876273   B）0L   C）2E10   D）(long)5876273

14. 下面选项中，不是合法整型常量的是_____。

A）160   B）－0xcdg   C）－01   D）－0x48a

15. 判断 int x = 0xaffbc; x 的结果是_____。

A）赋值非法   B）溢出   C）为 affb   D）为 ffbc

16. 在 C 语言中，要求参加运算的数必须时整数的运算符是_____。

A）/   B）*   C）%   D）=

17. 在 C 语言中，字符型数据在内存中以_____形式存放。

A）原码   B）BCD 码   C）反码   D）ASCII 码

18. 下列语句中，符合语法的赋值语句是_____。

A）a=7+b+c=a+7;   B）a=7+b++=a+7;

C）a=(7+b, b++, a+7);   D）a=7+b, c=a+7;

19. _____是非法的 C 语言转义字符。

A）'\b'   B）'\0xf'   C）'\037'   D）'\''

20. 对于语句：f=(3.0,4.0,5.0),(2.0,1.0,0.0);的判断中，_____是正确的。

A）语法错误   B）f 为 5.0   C）f 为 0.0   D）f 为 2.0

21. 与代数式(x*y)/(u*v) 不等价的 C 语言表达式是_____。

A）x*y/u*v　　　　B）x*y/u/v　　　　C）x*y/(u*v)　　　　D）x/(u*v)*y

22. 在 C 语言中，数字 029 是一个＿＿＿＿＿＿。

　　A）八进制数　　　B）十六进制数　　　C）十进制数　　　　D）非法数

23. C 语言中整数－8 在内存中的存储形式为＿＿＿＿＿＿。

　　A）1111111111111000　　　　　　　　B）100000000001000

　　C）000000000001000　　　　　　　　D）1111111111110111

24. 对于 char cx='\039';语句，正确的是＿＿＿＿＿＿。

　　A）不合法　　　　　　　　　　　　B）cx 的 ASCII 值是 33

　　C）cx 的值为 4 个字符　　　　　　　D）cx 的值为 3 个字符

25. 若 int k=7,x=12;则能使值为 3 的表达式是＿＿＿＿＿＿。

　　A）x%=(k%=5)　　　　　　　　　　B）x%=(k－k%5)

　　C）x%=k－k%5　　　　　　　　　　D）(x%=k)－(k%=5)

26. 为了计算 s=10!（即 10 的阶乘），则 s 变量应定义为＿＿＿＿＿＿。

　　A）int　　　　　　B）unsigned　　　　C）long　　　　　D）以上三种类型均可

27. 以下所列的 C 语言常量中，错误的是＿＿＿＿＿＿。

　　A）0xFF　　　　　B）1.2e5　　　　　C）2L　　　　　　D）'\72'

28. 假定 x 和 y 为 double 型，则表达式 x=2，y=x+3/2 的值是＿＿＿＿＿＿。

　　A）3.500000　　　B）3　　　　　　　C）2.000000　　　　D）3.000000

29. 设变量 n 为 float 型，m 为 int 类型，则以下能实现将 n 中的数值保留小数点后两位，第 3 位进行四舍五入运算的表达式是＿＿＿＿＿＿。

　　A）n=(n*100+0.5)/100.0　　　　　　B）m=n*100+0.5,n=m/100.0

　　C）n=n*100+0.5/100.0　　　　　　　D）n=(n/100+0.5)*100.0

30. 以下合法的赋值语句是＿＿＿＿＿＿。

　　A）x=y=100;　　　B）d－－　　　　　C）x+y;　　　　　　D）c=int(a+b)

31. 以下选项中不属于 C 语言的类型是＿＿＿＿＿＿。

　　A）signed short int　　　　　　　　B）unsigned long int

　　C）unsigned int　　　　　　　　　　D）long short

32. 在 16 位 C 编译系统上，若定义 long a;，则能给 a 赋 40000 的正确语句是＿＿＿＿＿＿。

　　A）a=20000+20000;　　　　　　　　B）a=4000*10;

　　C）30000＋10000;　　　　　　　　　D）a=4000L*10L

33. 逻辑运算符两侧运算对象的数据类型＿＿＿＿＿＿。

　　A）只能是 0 和 1　　　　　　　　　　B）只能是 0 或非 0 正数

　　C）只能是整型或字符型数据　　　　　D）可以是任何类型的数据

34. 判断 char 型变量 ch 是否为大写字母的正确表达式是＿＿＿＿＿＿。

　　A）'A'<=ch<='Z'　　　　　　　　　　B）(ch>='A')&(ch<='Z')

　　C）(ch>='A')&&(ch<='Z')　　　　　　D）('A'<= ch)AND('Z'>= ch)

35. 若希望当 A 的值为奇数时，表达式的值为"真"，A 的值为偶数时，表达式的值为"假"。则以下不能满足要求的表达式是＿＿＿＿＿＿。

　　A）A%2==1　　　B）!(A%2==0)　　　C）!(A%2)　　　　D）A%2

36. 设有：int a=1,b=2,c=3,d=4,m=2,n=2;执行(m=a>b)&&(n=c>d)后 n 的值为＿＿＿＿＿＿。

A）1 B）2 C）3 D）4

37．以下程序的运行结果是_____。

```
main()
{   int a,b,d=241;
    a=d/100%9;
    b=(-1)&&(-1);
    printf("%d,%d",a,b);
}
```

A）6,1 B）2,1 C）6,0 D）2,0

38．已知 int x=10,y=20,z=30;以下语句执行后 x,y,z 的值是_____。

```
if(x>y) z=x; x=y; y=z;
```

A）x=10, y=20, z=30 B）x=20, y=30, z=30
C）x=20, y=30, z=10 D）x=20, y=30, z=20

39．若运行时给变量 x 输入 12，则以下程序的运行结果是_____。

```
main()
{   int x,y;
    scanf("%d",&x);
    y=x>12 ? x+10 : x-12;
    printf("%d\n",y);
}
```

A）出错 B）10 C）22 D）0

40．已有如下定义和输入语句，若要求 a, b, c1, c2 的值分别为 5、6、A 和 B，当从第一列开始输入数据时，正确的数据输入方式是 _____（<CR>表示回车）。

```
int a,b;
char c1,c2;
scanf("%d%c%d%c",&a,&c1,&b,&c2);
```

A）5 A 6 B<CR> B）5 A6B<CR> C）5A6B<CR> D）5A6 B<CR>

二、填空题

1．若有以下定义，则计算表达式 y+=y-=m*=y 后的 y 值是_____。

```
int m=5,y=2;
```

2．在 C 语言中，一个 int 型数据在内存中占 2B，则 int 型数据的取值范围为_____。

3．若 s 是 int 型变量，且 s=6，则下面表达式的值为_____。

```
s%2+(s+1)%2
```

4．若 a 是 int 型变量，则下面表达式的值为_____。

```
(a=4*5,a*2),a+6
```

5．若 x 和 a 均是 int 型变量，则计算表达式（1）后的 x 值为_____，计算表达式（2）后的 x 值为_____。

```
(1) x=(a=4,6*2)
(2) x=a=4,6*2
```

6．若 a 是 int 型变量，则计算下面表达式后 a 的值为_____。

a=25/3%3

7．若 x 和 n 均是 int 型变量，且 x 和 n 的初值均为 5，则计算表达式后 x 的值为_____，n 的值_____。

x+=n++

8．若有定义：char c='\010'；则变量 c 中包含的字符个数为_____。

9．若有定义：int x=3,y=2;float a=2.5,b=3.5;则下面表达式的值为_____

(x+y)%2+(int)a/(int)b

10．已知字母 a 的 ASCII 码为十进制数 97，且设 ch 为字符型变量，则表达式 ch='a'+'8'−'3'的值为_____。

11．若 a 是 int 型变量，则表达式(a=5*6,a*3),a+8 的值是_____。

12．若有定义：int b=7; float a=2.5,c=4.7;则表达式 a+(int)(b/3*(int)(a+c)/2)%4 的值为_____。

13．输出长整型数据使用格式符_____，输出无符号的整数用格式符_____，以指数形式输出单精度实数用格式符_____。

14．下面程序段执行时，怎样输入才能让 a=10，b=20？_____

```
int a,b;
scanf("a=%d,b=%d",&a,&b);
```

15．若 a 和 b 均为 int 变量，以下语句的功能是_____。

```
a+=b;b=a-b;a-=b;
```

16．在 scanf 函数调用中，可以在格式字符和%之间加一星号*，它的作用是_____。

17．a++、++a、a=a+1 都能实现使变量 a 的值增1，与之等效的表达式还有_____

三、程序分析题

1．下面程序运行时输入：10 11<CR>，输出_____。

```
#include<stdio.h>
void main()
{   int a,b;
    scanf("%o%x",&a,&b);
    printf("a=%d,b=%d\n",a,b);
}
```

2．请指出以下 C 程序的错误所在：

```
#include<stdio.h>
void  main()
    float  r,s;
    r=5.0;
    s=3.15159*r*r;
    printf("%f\n",s);
```

第3章　顺序结构程序设计

一、选择题

1．已知 int k,m=1;执行语句 k= −m++; 后 k 的值是（　　　）。

A) –1　　　　　　　　B) 0　　　　　　　　C) 1　　　　　　　　D) 2

2. 若变量 a,b 已正确定义，且 a,b 均已正确赋值，下列选项中合法的语句是（　　）

　　A) a=b　　　　　　B) ++a;　　　　　　C) a+=b++=1;　　　　D) a=int(b);

3. 若有定义 int x=4; 则执行语句 x += x * = x + 1; 后，x 的值为（　　）。

　　A) 5　　　　　　　B) 20　　　　　　　C) 40　　　　　　　D) 无答案

4. 若有定义和语句：

```
int s,p;
s=p=5; p=s++, ++p, p+2, p++; 则执行语句后 p 的值是（　　）
```

　　A) 9　　　　　　　B) 8　　　　　　　C) 7　　　　　　　D) 6

5. 若有定义：int a, b; 则表达式 a=4, b=3, a+b+2, a++, a+b+2 的值为（　　）。

　　A) 12　　　　　　　B) 11　　　　　　　C) 10　　　　　　　D) 无答案

6. 若有定义：float a=3.0，b=4.0，c=5.0; 则表达式 1/2*(a+b+c)的值为（　　）。

　　A) 6.0　　　　　　B) 6　　　　　　　C) 0.0　　　　　　　D) 无答案

7. 以下程序段的输出结果是（　　）。

```
int a=1234;
printf("%2d\n",a);
```

　　A) 12　　　　　　　B) 34　　　　　　　C) 1234　　　　　　D) 提示出错，无结果

8. 下列程序段的输出结果是（　　）。

```
int a=1234;
float b=123.456;
double c=12345.54321;
printf ("%2d, %3.2f, %4.1f", a, b, c);
```

　　A) 无输出　　　　　　　　　　　　B) 12, 123.46, 12345.5

　　C) 1234,123.46,12345.5　　　　　　D) 1234,123.45, 1234.5

9. 设 x, y 均为整型变量，且 x=8, y=5,则以下语句的输出结果是（　　）。

```
printf ("%d, %d\n", x--, ++y);
```

　　A) 8,5　　　　　　B) 7,5　　　　　　　C) 7,6　　　　　　　D) 8,6

10. 以下程序的输出结果是（　　）。

```
void main()
{ int a=20, b=10;
  printf ("%d,%%d\n", a+b, a-b);    }
```

　　A) 30,%d　　　　　　B) 30,10　　　　　　C) 30,%10　　　　D) 以上答案均不正确

11. 下列程序的运行结果是（　　）。

```
void main()
{ float x=2.5;
  int y;
  y= (int) x;
  printf ("x=%f, y=%d", x, y);    }
```

　　A) x=2.500000,y=2　　　　　　　　B) x=2.5,y=2

　　C) x=2,y=2　　　　　　　　　　　　D) x=2.500000,y=2.000000

12. 已知 int k=10, m=3,n;则下列语句的输出结果是（　　）。

```
printf ("%d\n", n= (k%m, k/m));
```

    A）2　　　　　　　　B）3　　　　　　　　C）4　　　　　　　　D）5

13. 以下程序的输出结果是（　　）。

```
void main ()
{ char c='z';
  printf ("%c", c-25); }
```

    A）a　　　　　　　　B）z　　　　　　　　C）z–25　　　　　　D）y

14. 下面程序的输出结果是（　　）。

```
void main( )
{
    double d=3.2 ;
    int  x=1.2, y ;
    y=(x+3.8)/5.0 ;
    printf("%d\n",d*y); }
```

    A）3　　　　　　　　B）3.2　　　　　　　C）0　　　　　　　　D）3.07

15. printf("%d, %d, %d\n", 010, 0x10, 10); 输出结果是（　　）。

    A）10,10,10　　　　B）16,8,10　　　　　C）8,16,10　　　　　D）无答案

16. 下面程序的输出结果是（　　）。

```
void main()
{ int k=17;
printf("%d, %o, %x\n", k, k, k); }
```

    A）17,17,17　　　　B）17,021,0x11　　　C）17,21,11　　　　D）17,0x11,021

17. 若有以下程序段：

```
int m=32767, n=032767;
printf ("%d, %o\n", m, n); 执行后的输出结果是（　　）。
```

    A）32767,32767　　　　　　　　　　B）32767,032767

    C）32767,77777　　　　　　　　　　D）32767,077777

18. 若有以下程序段：

```
int m=0xabc, n=0xabc;
m—=n; printf ("%x\n", m); 执行后的结果是（　　）。
```

    A）0X0　　　　　　　B）0x0　　　　　　　C）0　　　　　　　　D）0xabc

19. 下列程序执行后的输出结果是（　　）。

```
void main()
{ char x =0xFFFF;
  printf ("%d\n", x- -); }
```

    A）–32767　　　　　B）FFFE　　　　　　C）–1　　　　　　　D）–32768

20. printf("a\bre\'hi\'y\\\bou\n");的输出结果是（　　）。

    A）a\bre\'hi\'y\\\bou　　　　　　　　B）a\bre\'hi\'y\bou

    C）re'hi'you　　　　　　　　　　　　D）abre'hi'y\bou

21．有定义语句 int x,y; 若要通过 scanf("%d,%d",&x,&y); 语句使变量 x 得到数值 11，变量 y 得到数值 12，下面四组输入形式中错误的是（   ）。

  A）11<空格>12<CR>   B）11，<空格>12<CR>

  C）11,12<CR>   D）11,<CR>12<CR>

22．有以下程序段：

```
int m=0,n=0;
char c='a';
scanf("%d%c%d",&m,&c,&n);
printf("%d,%c,%d\n",m,c,n);
```

若从键盘上输入：10A10 <CR>，则输出结果是（   ）。

  A）10,A,10   B）16,a,10   C）10,a,0   D）10,A,0

23．若变量已正确说明为 int 类型，要通过语句 scanf("%d %d %d ",&a,&b,&c); 给 a 赋值 1，b 赋值 2，c 赋值 3，不正确的输入形式是（   ）。

  A）1<空格>2<空格>3<CR>   B）1,2,3<CR>

  C）1<CR>2<CR>3<CR>   D）1<空格>2<空格>3<CR>

24．a, b,c 被定义为 int 型变量，若从键盘给 a,b,c 输入数据，正确的输入语句是（   ）

  A）input a,b,c;   B）read("%d%d%d",&a,&b,&c);

  C）scanf("%d%d%d",a,b,c);   D）scanf("%d%d%d",&a,&b,&c);

25．已知 a,b,c 为 int 型变量，若从键盘输入:1,2,3<CR>，使 a 的值为 1，b 的值为 2,c 的值为 3,以下选项中正确的输入语句是（   ）。

  A）scanf("%2d,%2d,%2d"，a,b,c); B）scanf("%d,%d,%d",&a,&b,&c);

  C）scanf("%d %d %d",&a,&b,&c); D）scanf("i=%dj=%d,k=%d",&a,&b,&c);

26．执行下程序时输入:123<空格>456<空格>789<CR>，输出结果是（   ）。

```
void main()
{ char s;
  int c, i;
  scanf ("%c", &c);   scanf ("%d", &i);
  scanf ("%c", &s);   printf ("%c, %d,%c\n", c, i, s); }
```

  A）123,456,789 B）1,456,789   C）1,23,456,789 D）1,23,

27．putchar 函数可以向终端输出一个_____。

  A）整型变量表达式   B）实型变量值

  C）字符串   D）字符

28．printf 函数中用到格式符%5s，其中数字 5 表示输出的字符串占用 5 列。如果字符串长度大于 5，则输出按方式_____；如果字符串长度小于 5，则输出按方式_____。

  A）从左起输出该字符串，右补空格 B）按原字符长从左向右全部输出

  C）右对齐输出该字符串，左补空格 D）输出错误信息

29．阅读以下程序，当输入数据的形式为：25, 13, 10<CR>，则正确的输出结果为_____。

```
main()
{   int x,y,z;
```

```
        scanf("%d%d%d",&x,&y,&z);
        printf("x+y+z=%d\n",x+y+z);
    }
```

    A）x+y+z=48   B）x+y+z=35   C）x+z=35   D）不确定值

30．根据下面的程序及数据的输入和输出形式，程序中输入语句的正确形式应该为＿＿＿＿＿。

```
main()
{   char ch1,ch2,ch3;
    输入语句
    printf("%c%c%c",ch1,ch2,ch3);
}
```

输出形式：A B C

输入形式：A B C

    A）scanf("%c%c%c",&ch1,&ch2,&ch3);

    B）scanf("%c,%c,%c",&ch1,&ch2,&ch3);

    C）scanf("%c %c %c",&ch1,&ch2,&ch3);

    D）scanf("%c%c",&ch1,&ch2,&ch3);

二、填空题

1．有以下程序：

```
void main()
{ int m,n,p;
  scanf("m=%dn=%dp=%d", &m, &n, &p); printf("%d%d%d\n", m, n, p); }
```

若想从键盘上输入数据，使变量 m 中的值为 123，n 中的值为 456，p 中的值为 789，则正确的输入是＿＿＿＿＿。

2．以下程序段的输出结果是＿＿＿＿＿。

```
void main()
{ int a=2, b=3, c=4;
  a*=16 +(b++)-(++c);
  printf ("%d", a); }
```

3．以下程序段的输出结果是＿＿＿＿＿。

```
int x=17, y=26;
printf ("%d", y/= (x%=6));
```

4．以下程序的输出结果是＿＿＿＿＿。

```
void main()
{ int i=010, j=10;
  printf ("%d, %d\n", i, j);    }
```

5．下列程序的输出结果是＿＿＿＿＿。

```
void main()
{ int x=3, y=5;
  printf ("%d", x= (x--) * (--y));    }
```

6. 以下程序段的输出结果是_____。

```
int a=1234;
printf ("%2d\n", a);
```

7. 若有以下程序：

```
void main()
{ char a;
  a='H'-'A'+'0';
  printf ("%c, %d\n", a,a);  }
```

执行后的输出结果是_____。

8. 以下程序段的输出结果是_____。

```
void main()
{  int a=177;
  printf ("%o\n", a);       }
```

三、程序分析题

1. 写出以下程序的运行结果。

```
main ( )
{
    char c1='a',c2='b',c3='c',c4='\101',c5='\142';
    printf("a%cb%c\tc%c\tabc\n",c1,c2,c3);
    printf("\t\b%c%c",c4,c5);
}
```

2. 写出以下程序的运行结果。

```
main ( )
{
    int i,j,m,n;
    i=8;
    j=10;
    m=++i;
    n=j++;
    printf("%d,%d,%d,%d",i,j,m,n);
}
```

第4章　运算符和表达式

一、选择题

1. 若要求在 if 后一对圆括号中表示 a 不等于 0 的关系,能正确表示这一关系表达式的是 (　　)。

    A) a<>0　　　　　　B) !a　　　　　　　C) a==0　　　　　D) a

2. 下面程序的正确结果是 (　　)。

```
    #include <stdio.h>
```

```
main ()
{   int a=2,b=-1,c=2;
    if (a<b)
        if(b<0)c=1;
        else
            c++;
    printf("%d\n",c);
}
```

   A) 0   B) 1   C) 2   D) 3

3. 当 a=1,b=3,c=5,d=4，执行下面程序段后,x 的值是（　　）。

```
if (a<b)
    if (c<d)
        x=1;
    else
        if(a<c)
            if(b<d)
                x=2;
            else x=3;
        else x=6;
else x=7;
```

   A) 1   B) 2   C) 3   D) 6

4. 对以下程序的判断，正确的是（　　）。

```
#include <stdio.h>
void main ()
{ int x,y;
  scanf("%d,%d",&x,&y);
  if (x>y)
     x=y;y=x;
  else
     x++;y++;
  printf("%d,%d",x,y);
}
```

A) 语法错误，不能通过编译
B) 若输入数据 3 和 4，则输出 4 和 5
C) 若输入数据 4 和 3，则输出 3 和 4
D) 若输入数据 4 和 3，则输出 4 和 4

5. 对下面程序的判断,正确的是（　　）。

```
#include <stdio.h>
void main()
{   int x=0,y=0,z=0;
```

```
    if(x=y+z)
        printf("*******");
    else
        printf("######");
}
```

A）语法错误，不能通过编译

B）输出******

C）可以编译，但不能通过连接，因而不能通过连接，不能运行

D）输出######

6. 若有下面程序：

```
#include <stdio.h>
main()
{   int x=100,a=10,b=20;
    int v1=5,v2=0;
    if(a<b)
        if(b!=15)
            if(!v1)
                x=1;
            else
                if(v2)  x=10;
    x=-1;
    printf("%d \n",x);
}
```

则程序的运行结果是（   ）。

    A）100   B）–1   C）1   D）10

7. 若有以下定义：

```
float x;int a,b;
```

则正确的 switch 语句是（   ）。

    A） switch(x)
        {case 1.0:printf("*\n");
            }

    B） switch(x)
        { case1,2:printf("*\n");
      case3:printf("**\n")
        }

    C） switch(a+b)
        { case 1:printf("*\n");
        case 2:printf("**\n");
        }

    D）switch(a+b)
        { case1:printf("*\n");
        case2:printf("**\n")
        }

8. 下面程序的运行结果是（   ）。

```
#include <stdio.h>
main()
{  int x=1,y=0,a=0,b=0;
```

```
    switch(x)
  { case 1:
    switch(y)
    { case 0:a++;break;
      Case 1:b++;break;
    }
     case 2:a++;b++;break;
     case 3:a++;b++;
  }
   printf("a=%d,b=%d \n",a,b);
}
```

A）a=1,b=0　　　　B）a=2,b=1　　　　C）a=1,b=1　　　D）a=2,b=2

9. 下面程序的运行结果是（　　）。

```
#include<stdio.h>
 main()
{ int k=1;
   switch (k)
   { case 1: printf("%d",k++);
     case 2:printf("%d",k++);
     case 3:printf("%d",k++);
     case 4:printf("%d",k++);break;
     default:printf("Full!\n");
   }
}
```

A）1　　　　　　B）2　　　　　　C）1234　　　　D）2345

10. 有以下程序：

```
main()
{
   int i=1,j=1,k=2;
   if((j++||k++)&&i++) printf("%d,%d,%d\n",i,j,k);
}
```

执行后输出结果是（　　）。

A）1，1，2　　B）2，2，1　　C）2，2，2　　D）2，2，3

11. 有以下程序：

```
main()
{
   int   a=5,b=4,c=3,d=2;
   if(a>b>c)
      printf("%d\n",d);
   else if((c-1>=d)==1)
```

```
        printf("%d\n",d+1);
    else
        printf("%d\n",d+2);
}
```
执行后输出结果是（　　）。

    A）2　　　　　　　　B）3　　　　　　　C）4　　　　　　　D）编译时有错，无结果

12. 有一函数，以下程序段中不能根据 x 值正确计算出 y 值的是（　　）。

    A）if(x>0)　y=1;　　　　　　　　B）y=0;

    else if(x==0)　y=0;　　　　　　if(x>0)　y=1;

        else y=-1;　　　　　　　else if(x<0)　y=-1;

    C）y=0;　　　　　　　　　　　D）if(x>=0)

      if(x>=0);　　　　　　　　　if(x>0)　y=1;

      if(x>0)　y=1;　　　　　　　else y=0;

      else y=-1;　　　　　　　　else y=-1;

13. 有定义语句：int a=1,b=2,c=3,x;，则以下选项中各程序段执行后，x 的值不为 3 的是（　　）。

    A）if (c<a) x=1;　　　　　　　B）if (a<3) x=3;

      else if (b<a) x=2;　　　　　else if (a<2) x=2;

        else x=3;　　　　　　　　else x=1;

    C）if (a<3) x=3;　　　　　　　D）if (a<b) x=b;

      if (a<2) x=2;　　　　　　　if (b<c) x=c;

      if (a<1) x=1;　　　　　　　if (c<a) x=a;

14. 有如下程序：
```
main()
{   int   a=2,b=-1,c=2;
    if(a<b)
    if(b<0)   c=0;
    else   c++;
    printf("%d\n",c);
}
```
该程序的输出结果是（　　）。

    A）0　　　　　　　B）1　　　　　　　C）2　　　　　　　D）3

15. 有以下程序：
```
main()
{   int a=15,b=21,m=0;
    switch(a%3)
    {
       case 0:m++;break;
       case 1:m++;
       switch(b%2)
```

```
    { default:m++;
      case 0:m++;break;
     }
   }
  printf("%d\n",m);
}
```
程序的输出结果是（   ）。

    A）1   B）2   C）3   D）4

16. 若 a、b、c1、c2、x、y、均是整型变量，正确的 switch 语句是（   ）。

```
    A) swich(a+b);            B) switch(a*a+b*b)
       { case 1:y=a+b; break;    { case 3:
         case 0:y=a-b; break;       case 1:y=a+b;break;
        }                          case 3:y=b-a,break;}
    C) switch a               D) switch(a-b)
       { case c1 :y=a-b; break    { default:y=a*b;break
         case c2: x=a*d; break       case 3:case 4:x=a+b;break;
         default:x=a+b;}             case 10:case 1:y=a-b;break;}
```

17. 有如下程序：
```
main()
{  int   x=1,a=0,b=0;
  switch(x)
  {
     case 0:   b++;
     case 1:   a++;
     case 2:   a++;b++;
  }
  printf("a=%d,b=%d\n",a,b);
}
```
该程序的输出结果是（   ）。

    A）a=2,b=1   B）a=1,b=1   C）a=1,b=0   D）a=2,b=2

18. 有如下程序：
```
main()
{  float   x=2.0,y;
  if(x<0.0)  y=0.0;
  else if(x<10.0)  y=1.0/x;
       else  y=1.0;
  printf("%f\n",y);
}
```
该程序的输出结果是（   ）。

    A）0.000000   B）0.250000   C）0.500000   D）1.000000

19. 以下程序的输出结果是（　　）。

```
main()
{
    int a=-1,b=1,k;
    if((++a<0)&&!(b--<=0))
        printf("%d  %d\n",a,b);
    else
        printf("%d  %d\n",b,a);
}
```

  A）-1　1　 B）0　1　 C）1　0　 D）0　0

20. 假定所有变量均已正确说明，下列程序段运行后 x 的值是（　　）。

```
a=b=c=0;x=35;
if(!a)x--;
else if(b);
if(c)x=3;
else x=4;
```

  A）34　 B）4　 C）35　 D）3

```
}
```

21. 两次运行下面的程序，如果从键盘上分别输入 6 和 4，则输出结果是（　　）。

```
main()
{   int x;
    scanf("%d",&x);
    if(x++>5) printf("%d",x);
    else printf("%d\n",x--);
}
```

  A）7 和 5　 B）6 和 3　 C）7 和 4　 D）6 和 4

22. 若 k 是 int 型变量，且有下面的程序片段：

```
k=-3;
if(k<=0)  printf("####");
else      printf("&&&&");
```

上面程序片段的输出结果是（　　）。

  A）####　 B）&&&&
  C）####&&&&　 D）有语法错误，无输出结果

23. 若执行下面的程序时从键盘上输入 3 和 4，则输出结果是（　　）。

```
main()
{   int a,b,s;
    scanf("%d %d",&a,&b);
    s=a;
    if(a<b)  s=b;
```

```
    s=s*s;
    printf("%d\n",s);
}
```
    A）14   B）16   C）18   D）20

24．以下程序的输出结果是（   ）。
```
main()
{
    int m=5;
    if(m++>5) printf("%d\n",m);
    else printf("%d\n",m--);
}
```
    A）7   B）6   C）5   D）4

二、填空题

1．以下程序运行后的输出结果是_____。
```
main()
{ int a=1, b=3, c=5;
    if (c=a+b) printf("yes\n");
    else  printf("no\n");
}
```

2．以下程序运行后的输出结果是_____。
```
main()
{   int x=10,y=20,t=0;
    if(x==y) t=x;x=y;y=t;
    printf("%d,%d \n",x,y);
}
```

3．若从键盘输入58，则以下程序的输出结果是_____。
```
main()
{   int a;
    scanf("%d",&a);
    if(a>50)  printf("%d",a);
    if(a>40)  printf("%d",a);
    if(a>30)  printf("%d",a);
}
```

4．下列程序段的输出结果是_____。
```
int n='c';
switch(n++)
{ default: printf("error");break;
  case 'a':case 'A':case 'b':case B':
  printf("good");break;
```

```
        case 'c':case 'C':printf("pass");
        case 'd':case 'D':printf("warm");
    }
```

5. 若有以下程序

```
main()
{   int p,a=5;
    if(p=a!=0)    printf("%d\n",p);
    else    printf("%d\n",p+2);
}
```

执行后输出结果是_____。

6. 输入某个职工的工资，根据不同档次扣除所得税，然后计算实发工资，在_____
内填入正确内容。扣税标准如下：

（1）若工资低于 850 元，则不扣税。

（2）若工资在 850 至 1500 之间，则扣税比例为 1%。

（3）若工资在 1500 至 2000 之间，则扣税比例为 1.5%。

（4）若工资大于 2000 之间，则扣税比例为 2%。

要求：若输入工资为负数，则显示错误信息。

```
#include <stdio.h>
void main()
{
    float gz,rfgz;
    printf("please input a float gz:\n");
    scanf("%f",&gz);
    printf("gz is %7.2f\n",gz);
    if(gz<0)
      printf("error input again!\n");
    else if(  【1】  )      rfgz=gz;
        else if((  【2】  ))    rfgz=gz-gz*0.01;
            else if(  【3】  )  【4】  ;
                else  【5】  ;
    if(gz>0) printf("gz is %7.2f,rfgz is %7.2f.\n",gz,rfgz);
}
```

7. 以下程序运行后的输出结果是_____。

```
fun(int x)
{   if(x/2>0) fun(x/2);
    printf("%d ",x);
}
main()
```

```
{   fun(6);  }
```

8. 以下程序的运行结果是_____。

```
main()
{   if(2*2==5<2*2==4) printf("T");
    else    printf("F");
}
```

9. 以下程序实现输出 x,y,z 三个数中的最大者。请在_____内填入正确内容。

```
main()
{
    int x=4,y=6,z=7;
    int    【1】   ;
    if(    【2】   ) u=x;
    else u=y;
    if(    【3】   ) v=u;
    else v=z;
    printf("v=%d",v);
}
```

三、程序分析题

1. 阅读以下程序:

```
main()
{
    int x;
    scanf("%d",&x);
    if(x--<5) printf("%d",x);
    else printf("%d",x++);
}
```

程序运行后，如果从键盘上输入 5，则输出结果是什么？

2. 以下程序的运行结果是:

```
#include   <stdio.h>
main()
{
    char  x='A';
    x=(x>='A'  &&  x<='Z')?(x+32):x;
    printf("%c\n",x);
}
```

3. 以下程序的输出结果是:

```
#include   <stdio.h>
 main()
```

```
{
    char ch;
    ch='A'+'5'-'3';
    printf("%d,%c\n",ch,ch);
}
```

4. 若执行以下程序时从键盘上输入 9，则输出结果是：

```
main()
{   int n;
    scanf("%d",&n);
    if(n++<10)  printf("%d\n",n);
    else printf("%d\n",n--);
}
```

四、编程题

1. 若 a 的值小于 100，请将以下选择结构改写成由 switch 语句构成的选择结构。

```
if(a<30) m=1;
else if(a<40) m=2;
    else if(a<50) m=3;
        else if(a<60) m=4;
            else m=5;
```

2. 编写程序，输入一个整数，打印出它是奇数还是偶数。

3. 编写程序，输入 a、b、c 的值 ，打印出最大者。

第 5 章 循环结构程序设计

一、选择题

1.下面程序段

```
int k=2;
while (k=0){printf("%d",k);k- -;}
```

则下面描述中正确的是（   ）。

  A）while 循环执行 10 次   B）循环是无限循环

  C）循环体语句一次也不执行   D）循环体语句执行一次

2. 下述程序段中，（   ）程序段是正确的。

  A）k=1;   B）k=1;

```
while (1){                Repeat :
    s+=k ;                   s+=k ;
    k=k+1 ;                  if (++k<=100)
    if (k>100)break ;           goto Repeat
}                        printf("\n%d",s);
printf("\n%d",s);
```

```
    C) int k,s=0;                    D) k=1;
    for (k=1;k<=100;s+=++k);    do
    printf("\n%d",s);                s+=k;
    while (++k<=100);
    printf("\n%d",s);
```

3. 以下程序段的循环次数是（   ）。

```
for (i=2; i==0; )  printf("%d" , i--);
```

    A）无限次   B）0 次   C）1 次   D）2 次

4. 下面程序的输出结果是（   ）。

```
      main ( )
        { char c='A';
int k=0;
do {
    switch (c++){
        case 'A' : k++ ; break ;
        case 'B' : k-- ;
        case 'C' : k+=2 ; break ;
        case 'D' : k%=2 ; continue ;
        case 'E' : k*=10 ; break ;
        default : k/=3 ;
    }
    k++;
} while (c<'G');
printf ("k=%d",k);
}
```

    A）k=3   B）k=4   C）k=2   D）k=0

5. 下面程序的输出结果是（   ）。

```
      main ( )
        { int x=9;
          for (; x>0; x--){
if (x%3==0){
    printf("%d",--x);
    continue ;
}
        }
      }
```

    A）741   B）852   C）963   D）875421

6. 以下不是死循环的程序段是（   ）。

    A）int i=100;   B）for (; ;);

```
          while (1){
i=i%100+1 ;
```

```
            if (i>100)break ;
                          }
```

C) int k=0;   D) int s=36;
```
   do { ++k; } while (k>=0);      while (s); - -s ;
```

7. 下述程序段的运行结果是（   ）。
```
int a=1,b=2, c=3, t;
while (a<b<c){t=a; a=b; b=t; c--;}
printf("%d,%d,%d",a,b,c);
```
  A）1,2,0   B）2,1,0   C）1,2,1   D）2,1,1

8. 下面程序的功能是从键盘输入一组字符，从中统计大写字母和小写字母的个数，请填空。
```
main ( )
{ int m=0,n=0;
   char c;
   while (( 【  】 )! ='\n')
{
        if (c>='A' && c<='Z')m++;
        if (c>='a' && c<='z')n++;
   }
}
```
  A）c=getchar( ) B）getchar( ) C）c==getchar( ) D）scanf("%c",&c)

9. 下述语句执行后，变量 k 的值是（   ）。
```
int k=1;
while (k++<10);
```
  A）10   B）11   C）9   D）无限循环，值不定

10. 下面程序的输出结果是（   ）。
```
main ( )
{ int k=0,m=0,i,j;
 for (i=0; i<2; i++){
    for (j=0; j<3; j++)
       k++ ;
    k-=j ;
 }
 m = i+j ;
 printf("k=%d,m=%d",k,m);
}
```
  A）k=0,m=3 B）k=0,m=5 C）k=1,m=3 D）k=1,m=5

11. 下面 for 循环语句（   ）。
```
int i,k;
for (i=0, k=-1; k=1; i++, k++)
```

```
    printf("***");
```
A）判断循环结束的条件非法   B）是无限循环

C）只循环一次   D）一次也不循环

12. 语句 while (!E); 括号中的表达式!E 等价于（   ）。

A）E==0   B）E!=1   C）E!=0   D）E==1

13. 以下是死循环的程序段是（   ）。

```
A）  for (i=1; ; ){
         if (i++%2==0)continue ;
         if (i++%3==0)break ;
    }
B）  i=32767;
     do { if (i<0)break ; } while (++i);
C）  for (i=1 ; ;) if (++I<10)continue ;
D）  i=1 ;  while (i--);
```

14. 执行语句 for (i=1;i++<4;); 后变量 i 的值是（   ）。

A）3   B）4   C）5   D）不定

15. 以下程序段（   ）。

```
x=-1;
do
{ x=x*x; }
while (!x);
```

A）是死循环   B）循环执行 2 次   C）循环执行 1 次   D）有语法错误

16. 下面程序的功能是在输入的一批正数中求最大者，输入 0 结束循环，请填空。

```
main ( )
{ int a,max=0;
  scanf("%d",&a);
  while （【　】）
  {
      if (max<a)max=a ;
      scanf ("%d",&a);
  }
  printf("%d",max);
}
```

A）a==0   B）a   C）!a==1   D）!a

17. 下面程序段的运行结果是（   ）。

```
x=y=0;
while (x<15)y++,x+=++y ;
printf("%d,%d",y,x);
```

A）20,7   B）6,12   C）20,8   D）8,20

18. 以下 for 循环的执行次数是（   ）。

```
for (x=0,y=0; (y=123)&& (x<4); x++);
```

    A）无限循环   B）循环次数不定   C）4 次   D）3 次

19. 若运行以下程序时，输入 2473✓，则程序的运行结果是（   ）。

```
main ( )
{ int c;
    while ((c=getchar( ))! ='\n')
      switch (c-'2')
{
        case 0 :
        case 1 : putchar (c+4);
        case 2 : putchar (c+4); break ;
        case 3 : putchar (c+3);
        default : putchar (c+2); break ;
      }
    printf("\n");
}
```

    A）668977   B）668966   C）66778777   D）6688766

二、填空题

1. C 语言的 3 个循环语句分别是 _____语句，_____ 语句和_____ 语句。

2. 至少执行一次循环体的循环语句是_____。

3. 循环功能最强的循环语句是 _____。

4. 程序段

```
for (a=1,i=-1; -1<i<1; i++)
   { a++ ; printf("%2d",a); } ;
   printf("%2d",i);
```

的运行结果是 _____。

三、程序阅读题

1. 写出下面程序运行的结果。

```
main ( )
{ int x,i ;
   for (i=1 ; i<=100 ; i++)
 {
     x=i;
     if (++x%2==0)
        if (++x%3==0)
           if(++x%7==0)
              printf("%d ",x);
 }
}
```

2. 写出下面程序运行的结果。

```
main ( )
{ int i,b,k=0 ;
   for (i=1; i<=5 ; i++){
       b=i%2;
       while (b- - = =0)k++ ;
   }
   printf("%d,%d",k,b);
}
```

3. 写出下面程序运行的结果。

```
main ( )
{ int a,b;
   for (a=1,b=1 ; a<=100 ; a++){
       if (b>=20)break;
       if (b%3==1){ b+=3 ; continue ; }
       b-=5;
   }
   printf("%d\n",a);
}
```

4. 写出下面程序运行的结果。

```
main ( )
{ int k=1,n=263 ;
   do { k*= n%10 ; n/=10 ; } while (n);
   printf("%d\n",k);
}
```

5. 写出下面程序运行的结果。

```
main ( )
{ int i=5 ;
  do {
     switch (i%2){
        case 4 : i- - ; break ;
        case 6 : i- - ; continue ;
     }
     i- - ; i- - ;
     printf("%d\n",i);
  }while (i>0);
}
```

6. 写出下面程序运行的结果。

```
main ( )
{ int i,j;
```

```
for (i=0;i<3;i++,i++){
    for (j=4 ; j>=0; j--){
        if ((j+i)%2){
            j- - ;
            printf("%d,",j);
            continue ;
        }
        - -i ;
        j- - ;
        printf("%d,",j);
    }
}
```

7. 写出下面程序运行的结果。
```
main ( )
{ int a=10,y=0 ;
    do {
        a+=2 ; y+=a ;
        if (y>50)break ;
    } while (a=14);
    printf("a=%d y=%d\n",a,y);
}
```

8. 写出下面程序运行的结果。
```
main ( )
{ int i,j,k=19;
    while (i=k-1){
        k-=3 ;
        if (k%5==0){ i++ ; continue ; }
        else if (k<5)break ;
        i++;
    }
    printf("i=%d,k=%d\n",i,k);
}
```

9. 写出下面程序运行的结果。
```
main ( )
{ int y=2,a=1;
    while (y- -!=-1)
        do {
            a*=y ;
            a++ ;
```

```
    } while (y- -);
    printf("%d,%d\n",a,y);
}
```

10. 写出下面程序运行的结果。
```
main ( )
{ int i,k=0;
    for (i=1; ; i++){
        k++ ;
        while (k<i*i){
            k++ ;
            if (k%3==0)goto loop ;
        }
    }
loop:
    printf("%d,%d\n",i,k);
}
```

四、程序填空题

1. 有以下程序段：
```
s=1.0;
for(k=1; k<=n; k++)s=s+1.0/(k*(k+1));
printf("%f\\n",s);
```
请填空，使下面的程序段的功能完全与之等同。
```
s=0.0;
____;
k=0;
do
{ s=s+d;
    ____;
    d=1.0/(k*(k+1));
}
while(____);
printf("%f\\n",s);
```

2. 下面程序的功能是输出 1~100 每位数的乘积大于每位数的和的数，请填空使程序完整。
```
main ( )
{ int n,k=1,s=0,m ;
    for (n=1 ; n<=100 ; n++){
        k=1 ; s=0 ;
        【1】;
while (【2】){
```

```
            k*=m%10;
            s+=m%10;
            【3】;
        }
        if (k>s)printf("%dd",n);
    }
}
```

3. 下面程序段的功能是计算 1000! 的末尾有多少个零，请填空使程序完整。

```
main ( )
{
    int i,k;
    for (k=0,i=5; i<=1000; i+=5)
    { m = i ;
        while (【1】){ k++; m=m/5 ; }
    }
}
```

4. 下面程序接受键盘上的输入，直到按✓键为止，这些字符被原样输出，但若有连续的一个以上的空格时只输出一个空格，请填空使程序完整。

```
main ( )
{
    char cx , front='\0' ;
    while (【1】!='\n'){
        if (cx!=' ')putchar(cx);
        if (cx==' ')
            if (【2】)
                putchar(【3】)
        front=cx ;
}
```

5. 以下程序的功能是：从键盘上输入若干个学生的成绩，统计并输出最高成绩和最低成绩，当输入负数时结束输入。请填空使程序完整。

```
main()
{ float x,amax,amin;
  scanf("%f",&x);
  amax=x; amin=x;
  while(____)
  { if(x>amax)amax=x;
    if(____)amin=x;scanf("%f",&x);
  }
  printf("namax=%f,namin=%f\n",amax,amin);
}
```

五、编程题

1. 输入两个正整数 m 和 n，求其最大公约数和最小公倍数。

2. 输入一行字符，分别统计出其中英文字母，空格，数字和其他字符的个数。

3. 求 1!+2!+3!+……+19!+20!

4. 有一个分数数列：2/1, 3/2, 5/3, 8/5, 13/8, ……求出这个数列前 20 项之和。

5. 打印出所有的"水仙花数"，所谓"水仙花数"是指一个 3 位数，其各位数字立方之和等于该数本身。

第 6 章 数 组

一、选择题

1. 下列错误的定义语句是（   ）。

A）int x[ ][3]={{0},{1},{1,2,3}};

B）int x[4][3]={{1,2,3},{1,2,3},{1,2,3},{1,2,3}};

C）int x[4][ ]={{1,2,3},{1,2,3},{1,2,3},{1,2,3}};

D）int x[ ][3]={1,2,3,4};

2. 设有下列程序段：

```
char s[20]="Beijing",*p;
p=s;
```

则执行 p=s;语句后，下列叙述正确的是（   ）。

A）可以用*p 表示 s[0]

B）s 数组中元素的个数和 p 所指字符串长度相等

C）s 和 p 都是指针变量

D）数组 s 中的内容和指针变量 p 中的内容相同

3. 若有定义：int a[2][3]3;，下列选项中对 a 数组元素正确引用的是（   ）。

A）a[2][!1]   B）a[2][3]   C）a[0][3]   D）a[1>2][!1]

4. 有定义语句：char s[10];，若要从终端给 s 输入 5 个字符，错误的输入语句是（   ）。

A）gets(&s[0]);   B）scanf("$s",3+1);

C）gets(s);   D）scanf("%s",s[1]);

5. 下列叙述中错误的是（   ）。

A）在程序中凡是以"#"开始的语句行都是预处理命令行

B）预处理命令行的最后不能以分号表示结束

C）#define MAX 是合法的宏定义命令行

D）C 语言程序对预处理命令行的处理是在程序执行的过程中进行的

6. 下列结构体类型说明和变量定义中正确的是（   ）。

A）typedef struct
   {int n; char c;}REC;
      REC t1,t2;

B）struct REC;
   {int n; char c;};
      REC t1,t2;

C）typedef struct REC ;
   { int n=0; char c='A';} t1,t2;

D）struct
   { int n; char c;}REC;
      REC t1,t2;

7. 有下列程序：

```c
#include <stdio.h>
main()
{
    int s[12]={1,2,3,4,4,3,2,1,1,1,2,3},c[5]={0},i;
    for(i=0;i<12;i++)c[s[i]]++;
    for(i=1;i<5;i++)printf("%d",c[i]);
    printf("\n");
}
```

程序的运行结果是（   ）。

  A）1234   B）2344   C）4332   D）1123

8. 有下列程序：

```c
#include <stdio.h>
void fun(int * s,int n1,int n2)
{
    int i,j,t;
    i=n1;j=n2;
    while(i<j){t=s[i];s[i]=s[j];s[j]=t;i++;j--;}
}
main()
{
    int a[10]={1,2,3,4,5,6,7,8,9,0},k;
    fun(a,0,3); fun(a,4,9);fun(a,0,9);
    for(k=0;k<10;k++)printf("%d",a[k]);printf("\n");
}
```

程序的运行结果是（   ）。

  A）0987654321   B）4321098765   C）5678901234   D）0987651234

9. 有下列程序：

```c
#include <stdio.h>
#include "string.h"
void tim(char *s[],int n)
{
    char *t;int i,j;
    for(i=0;i<n-1;i++)
      for(j=i+1;j<n;j++)
        if(strlen(s[i])>strlen(s[j])){t=s[i];s[i]=s[j];s[j]=t;}
}
main()
{
    char *ss[]= {"bcc","bbcc","xy","aaaacc","aabcc"};
```

```
    fun(ss,5);printf("%s,%s\n",ss[0],ss[4]);
}
```
程序的运行结果是（　　）。

   A）xy,aaaacc   B）aaaacc,xy   C）bcc,aabcc   D）aabcc,bcc

10. 有下列程序：

```
#include <stdio.h>
#include "string.h"
typedef struct{char name[9]; char sex;float score[2];}STU;
void f(STU A)
{
    STU b={"Zhao",'m',85.0,90.0};  int i;
    strcpy(a.name,b.name);
    a.sex=b.sex;
    for(i=0;i<2;i++)a.score[i]=b.score[i];
}
main()
{
    STU c={"Qian",'f',95.0,92.0};
    f(C);
    printf("%s,%c,%2.0f,%2.0f\n",c.name,c.sex,c.score[0],c.scor
    e[1]);
}
```
程序的运行结果是（　　）。

   A）Qian,f,95,92   B）Qian,m,85,90   C）Zhao,f,95,92   D）Zhao,m, 85,90

11. 有下列程序：

```
#include <stdio.h>
struct st
{ int x,y;} data[2]={1,10,2,20};
main()
{ struct st *p=data;
 printf("%d,",p->y);  printf("%d\n",(++p)->x);
}
```
程序的运行结果是（　　）。

   A）10,1   B）20,1   C）10,2   D）20,2

12. 有下列程序：

```
#include <stdio.h>
void fun(int a[],int n)
{ int i,t;
   for(i=0;i<n/2;i++){t=a[i]; a[i]=a[n-1-i];  a[n-1-i]=t;}
}
```

```
main()
  {int k[10]={1,2,3,4,5,6,7,8,9,10},i;
   fun(k,5);
     for(i=2;i<8;i++)printf("%d",k[i]);
   printf("\n");
}
```

程序的运行结果是（   ）。

    A）345678   B）876543   C）1098765   D）321678

13. 有下列程序：

```
#include <stdio.h>
#define N 4
void fun(int a[][N],int b[])
{    int i;
    for(i=0;i<N;i++)b[i]=a[i][i];
}
main()
{ int x[][N]={{1,2,3},{4},{5,6,7,8},{9,10} },Y[N],i;
 fun(x,y);
 for(i=0;i<N;i++) printf("%d,",y[i]);
 printf("\n");
}
```

程序的运行结果是（   ）。

    A）1,2,3,4,   B）1,0,7,0,   C）1,4,5,9,   D）3,4,8,10,

14. 有以下程序：

```
#include <stdio.h>
main()
{ struct STU{
      char name[9];char sex;double score[2];};sturt STU a=
      {"Zhao" ,'m',85.0,90.0},b={"Qian" ,'f,95:0,92.0};
   b=a;
      printf("%s,%c,%2.0f,%2.0f\n",b.name,b.sex,b.score[0],b.score[1]);
   }
```

程序的运行结果是（   ）。

    A）Qian,f,95,92   B）Qian,85,90   C）Zhao,f,95,92   D）Zhao,m,85,90

15. 有下列程序：

```
#include <stdio.h>
#include<string.h>
main()
{
char str[ ][20]={"One*World", "One*Dream!"},*p=str[1];
```

```
        printf("%d,",strlen(p));printf("%s\n",p);
    }
```

程序的运行结果是（　　）。

A）9,One*World B）9,One*Dream

C）10,One*Dream D）10,One*World

16. 有下列程序：

```
    #include <stdio.h>
    main()
    { int a[ ]={2,3,5,4},i;
      for(i=0;i<4;i++)
      switch(i%2)
      { case 0:switch(a[i]%2)
              {case 0:a[i]++;break;
               case 1:a[i]--;
              }break;
        case 1:a[i[=0;
}
for(i=0;i<4;i++)printf("%d",a[i]); printf("\n");
}
```

程序的运行结果是（　　）。

A）3 3 4 4 B）2 0 5 0 C）3 0 4 0 D）0 3 0 4

17. 有下列程序：

```
    #include <stdio.h>
#include<string.h>
    main()
{ char a[10]="abcd";
  printf("%d,%d\n",strlen(a),sizeof(a));
}
```

程序的运行结果是（　　）。

A）7,4 B）4,10 C）8,8 D）10,10

18. 下面是有关 C 语言字符数组的描述，其中错误的是（　　）。

A）不可以用赋值语句给字符数组名赋字符串

B）可以用输入语句把字符串整体输入给字符数组

C）字符数组中的内容不一定是字符串

D）字符数组只能存放字符串

19. 下面结构体的定义语句中，错误的是（　　）。

A）struct ord {int x;int y;int z;}; struct ord a;

B）struct ord {int x;int y;int z;} struct ord a;

C）struct ord {int x;int y;int z;} a;

D）struct {int x;int y;int z;} a;

20. 有下列程序：

```
#include <stdio.h>
#include<string.h>
struct A
{ int a; char b[10]; double c;};
struct A f(struct A t);
main()
{ struct A a={1001,"ZhangDa",1098.0};
a=f(a);jprintf("%d,%s,%6.1f\n",a.a,a.b,a.c);
}
struct A f(struct A t)
( t.a=1002;strcpy(t.b,"ChangRong");t.c=1202.0;return t; )
```

程序的运行结果是（ ）。

A）1001,ZhangDa,1098.0   B）1001,ZhangDa,1202.0

C）1001,ChangRong,1098.0   D）1001,ChangRong,1202.0

21. 有下列程序：

```
#include(stdio.h)
main()
{int a[5]={1,2,3,4,5} ,b[5]={O,2,1,3,0} ,i,s=0;
for(i=0;i<5;i++)s=s+a[b[i]]);
printf("%d\n", s);
}
```

程序的运行结果是（ ）。

A）6   B）10   C）11   D）15

22. 有下列程序：

```
#include
main()
{int b [3][3]={0,1,2,0,1,2,0,1,2} ,i,j,t=1;
for(i=0;i<3;i++)
for(j=i;j<=i;j++)t+=b[i][b[j][i]];
printf("%d\n",t);
}
```

程序的运行结果是（ ）。

A）1   B）3   C）4   D）9

23. 有下列程序：

```
#include
#include
struct A
```

```
{  int a; char b[10]; double c;};
void f(struct A t);
main()
{   struct A a={1001,"ZhangDa",1098.0};
    f(a); printf("%d,%s,%6.1f\n",a.a,a.b,a.c);
}
void f(struct A t)
{ t.a=1002; strcpy(t.b,"ChangRong");t.c=1202.0;}
```
程序的运行结果是（   ）。

    A）1001,zhangDa,1098.0   B）1002,changRong,1202.0

    C）1001,ehangRong,1098.O   D）1002,ZhangDa,1202.0

24. 有以下定义和语句
```
struct workers
{ int num;char name[20];char c;
struct
{int day; int month; int year;}  s;
};
struct workers w,*pw;

pw=&w;
```
能给 w 中 year 成员赋 1980 的语句是（   ）。

    A）*pw.year=198O;   B）w.year=1980;

    C）pw->year=1980;   D）w.s.year=1980;

二、编程题

1. 用筛选法求 100 之内的素数。

2. 用排序法对 10 个整数排序。

3. 求一个 3×3 的整型二维数组对角线元素之和。

4. 任意输入一个行数输出以下的杨辉三角形。

5. 设计一个算法输出形式为 n×n 的旋转矩阵，下面是一个 5×5 阶矩阵。

    1 16 15 14 13

    2 17 24 23 12

    3 18 25 22 11

    4 19 20 21 10

    5 6 7 8 9

6. 魔方阵。

输出 n 阶魔方阵方法提示：

魔方阵的元素为 1～n2 的自然数，其中 n 为奇数；方阵每一行、每一列及对角线元素之和都相等。

    7. 有个 15 数按由小到大顺序存放在一个数组中，输入一个数，要求用折半查找法找出该数组中第几个元素的值。如果该数不在数组中，则打印出"无此数"。

    8. 有一篇文章，共有 3 行文字，每行有个 80 字符。要求分别统计出其中英文大写字母、小写字母、空格以及其他字符的个数。

9. 有一行电文译文下面规律译成密码：

A->Z a->z

B->Y b->y

C->X c->x

...

10. 编一程序，将两个字符串连接起来，不用 strcat 函数。

11. 编一个程序，将两个字符串 S1 和 S2 比较，如果 S1>S2，输出一个正数；S1=S2，输出 0；S1<S2，输出一个负数。不要用 strcpy 函数。两个字符串用 gets 函数读入。输出的正数或负数的绝对值应是相比较的两个字符串相对应字符的 ASCII 码的差值。例如，'A' 与 'C' 相比，由于 'A' < 'C'，应输出负数，由于 'A' 与 'C' 的码差值为 2，因此应输出 "–2"。同理："And" 和 "Aid" 比较，根据第 2 个字符比较结果，'n' 比 'i' 大 5，因此应输出 "5"。

12. 编写一个程序，将字符数组 s2 中的全部字符复制到字符数组 s1 中，不用 strcpy 函数。复制时，'\0' 也要复制过去，'\0' 后面的字符不复制。

第 7 章 函　数

一、选择题

1. 以下说法中正确的是（　　）。

　　A）C 语言程序总是从第一个定义的函数开始执行

　　B）在 C 语言程序中，要调用的函数必须在 main 函数中定义

　　C）C 语言程序总是从 main 函数开始执行

　　D）C 语言程序中的 main 函数必须放在程序的开始部分

2 以下函数的类型是（　　）。

```
fff(float x)
{  printf("%d\\n",x*x);
}
```

　　A）与参数 x 的类型相同　　　　　　B）void 类型

　　C）int 类型　　　　　　　　　　　　D）无法确定

3. 以下函数调用语句中，含有的实参个数是（　　）。

```
func( (exp1,exp2),(exp3,exp4,exp5));
```

　　A）1　　　　　　B）2　　　　　　C）4　　　　　D）5

4. 以下程序的输出结果是（　　）。

```
fun(int a,int b)
{ int c;
  c=a+b;
  return c;
}
main()
```

```
{ int x=6,y=7,z=8,r;
  r=func((x--,y++,x+y),z--);
  printf("%d\n",r);
}
```
  A）11   B）20   C）21   D）31

5. 以下程序的输出结果是（ ）。

```
main()
{  int i=2,p;
   p=f(i,i+1);
   printf("%d",p);
}
int f(int a, int b)
{  int c;
   c=a;
   if(a>b) c=1;
   else if(a==b)
        else c=-1;
   return(c);
}
```
  A）−1   B）0   C）1   D）2

6. 以下程序的输出结果是（ ）。

```
fun(int a,int b,int c)
{  c=a*b;  }
main()
{  int c;
   fun(2,3,c);
   printf("%d\n",c);
}
```
  A）0   B）1   C）6   D）无定值

7. 以下程序的输出结果是（ ）。

```
double f(int n)
{  int i; double s;
   s=1.0;
   for(i=1; i<=n; i++)  s+=1.0/i;
   return s;
}
main()
{  int i,m=3; float a=0.0;
   for(i=0; i<m; i++)   a+=f(i);
   printf("%f\n",a);
}
```

A）5.500000   B）3.000000   C）4.000000   D）8.25

二、填空题

1. 以下程序的输出结果是_____。
```
unsigned fun6(unsigned num)
{  unsigned k=1;
   do
   { k*=num%10; num/=10; }
   while(num);
   return k;
}
main()
{  unsigned n=26;
   printf("%d\n",fun6(n));
}
```

2. 以下程序的输出结果是_____。
```
double sub(double x,double y,double z)
{  y-=1.0;
   z=z+x;
   return z;
}
main()
{  double a=2.5,b=9.0;
   printf("%f\n",sub(b-a,a,a));
}
```

3. 以下程序的输出结果是_____。
```
fun1(int a,int b)
{  int c;
   a+=a; b+=b;
   c=fun2(a,b);
   return c*c;
}
fun2(int a,int b)
{  int c;
   c=a*b%3;
   return c;
}
main()
{  int x=11,y=19;
   printf("%d\n",fun1(x,y));
```

```
}
```

4. 下面 pi 函数的功能是，根据以下公式返回满足精度 ε 要求的 π 的值。请填空。

$\pi/2 = 1 + 1/3 + (1/3)*(2/5) + (1/3)*(2/5)*(3/7) + (1/3)*(2/5)*(3/7)*(4/9) + ...$

```
double pi(double eps)
{   double s=0.0,t=1.0;
    int n;
    for(_____ ; t>eps; n++)
    {   s+=t;
        t=n*t/(2*n+1);
    }
    return (2.0*_____);
}
```

5. 以下函数用以求 x 的 y 次方。请填空。

```
double fun(double x, int y)
{   int i; double z;
    for(i=1; i_____; i++)
    z=_____;return z;
}
```

6. 以下程序的功能是计算 s=0!+1!+2!+3!+...+n! 。请填空。

```
long f(int n)
{   int i; long s;
    s=_____;
    for(i=1; i<=n; i++)  s=_____;
    return s;
}
main()
{   long s; int k,n;
    scanf("%d",&n);
    s=_____;
    for(k=0; k<=n; k++)  s=s+_____;
    printf("%ld\n", s);
}
```

三、编程题

1. 写两个函数，分别求两个整数的最大公约数和最小公倍数，用主函数调用这两个函数，并输出结果，两个整数由键盘输入。

2. 写一个判断素数的函数，在主函数输入一个整数，输出是否素数的信息。

3. 写一个函数，使给定的一个二维数组（3×3）转置，既行列互换。

4. 写一个函数，使输入的一个字符串按反序存放，在主函数中输入和输出字符串。

5. 写一个函数，将两个字符串连接。

6. 写一函数，将一个字符串中的字母复制到另一字符串，然后输出。

7. 编写一函数，由实参传来一个字符串，统计此字符串中字母、数字、空格和其他字符的个数，在主函数中输入字符串以及输出上述的结果。

8. 写一函数，用"冒泡法"对输入的 0 个字符按由小到大顺序排列。

9. 写一函数，输入一个十六进制数，输入相应的十进制数

第8章　编译预处理

一、选择题

1. 下列程序的运行结果是（　　）。
```
 #define N n;
main()
{
    char a=N;
    printf("%d",a)
}
```
　　A）n　　　　　　　B）N　　　　　　　C）语法错　　　　D）不确定

2. 下列叙述中错误的是（　　）。

　　A）在程序中凡是以"#"开始的语句行都是预处理命令行

　　B）预处理命令行的最后不能以分号表示结束

　　C）#define MAX 是合法的宏定义命令行

　　D）C 程序对预处理命令行的处理是在程序执行的过程中进行的

3. 程序中头文件 type1.h 的内容是（　　）。
```
#define N 5
#difine M1 N*3
```
程序如下：
```
#include "type1.h"
#define M2 N*2
main()
{
    int i;
    i=M1+M2;
    printf("%d\n",i);
}
```
程序编译后运行的输出结果是（　　）。

　　A）10　　　　　　B）20　　　　　　C）25　　　　　　D）30

4. 系列程序执行后的输出结果是（　　）。
```
#define MA (x) x*(x-1)
main()
{
```

```
    int a=1,b=2;
    printf("%d\n",MA(1+a+b));
}
```

A) 6   B) 8   C) 10   D) 12

5. 下列程序运行后的输出结果是（   ）。

```
#define<stdio.h>
#define F(X,Y) (X)*(Y)
main()
{
    int a=3,b=4;
    printf("%d\n",F(a++,b++));
}
```

A) 12   B) 5   C) 16   D) 20

二、填空题

1. C 提供的预处理功能主要有 3 种，分别是_____、_____和_____。

2. 设有以下宏定义：# define WIDTH 80
　　　　　　 # define LENGTH WIDTH+40
则执行赋值语句：v= LENGTH*20；（v 为 int 型变量）后，v 的值是_____。

3. 设有以下宏定义：# define WIDTH 80
　　　　　　 # define LENGTH (WIDTH+40)
则执行赋值语句：k= LENGTH*20；（k 为 int 型变量）后，k 的值是_____。

4. 以下程序的输出结果是_____。

```
# define   A   3
# define   B(a)   ((A+1)*a)
main( )
{ int x;     x=3*(A+B(7)); printf ("x=%4d\n", x);
    }
```

5. 以下程序的输出结果是_____。

```
main( )
{ int a=20,b=10,c;     c=a/b;
    # ifdef DEBUG
    printf("a=%d,b=%d,",a,b);
    #endif
    printf("c=%d\n,",c);
}
```

三、编程题

1. 编写一个宏定义 MYALPHA(c),用以判定 c 是否是字母字符，若是，得 1；否则得 0。

2. 编写一个宏定义 AREA(a,b,c),用于求一个边长为 a、b 和 c 的三角形的面积。其公式为：
s=(a+b+c)/2, area= s(s–a)(s–b)(s–c)

3. 编写一个程序求三个数中最大者，要求用带参宏实现。

4. 编写一个程序求 1+2+…+n 之和，要求用带参宏实现。

第9章 指 针

一、选择题

1. 若有定义： int x,*pb; 则以下正确的赋值表达式是（   ）。

  A）pb=&x   B）pb=x   C）*pb=&x   D）*pb=*x

2. 以下程序的输出结果是（   ）。

```
#include <stdio.h>
main()
{ printf("%d\n",NULL); }
```

  A）因变量无定义输出不定值   B）0   C）–1   D）1

3. 以下程序的输出结果是（   ）。

```
void sub(int x,int y,int *z)
{ *z=y-x; }
main()
{   int a,b,c;
    sub(10,5,&a); sub(7,a,&b); sub(a,b,&c);
    printf("%d,%d,%d\n",a,b,c);
}
```

  A）5,2,3   B）–5,–12,–7   C）–5,–12,–17 D）5,–2,–7

4. 以下程序的输出结果是（   ）。

```
main()
{ int k=2,m=4,n=6;
  int *pb=&k,*pm=&m,*p;
  *(p=&n)=*pk*(*pm);
  printf("%d\n",n);
}
```

  A）4   B）6   C）8   D）10

5. 已知指针 p 的指向如主教材图 9.1 所示，则执行语句 *p++; 后 ,*p 的值是（   ）。

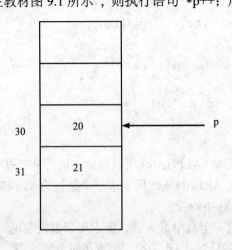

图 9.1

A）20 B）30 C）21 D）31

6. 已知指针 p 的指向如主教材图 9.1 所示，则表达式 *++p 的值是（　　）。

A）20 B）30 C）21 D）31

7. 已知指针 p 的指向如主教材图 9.1 所示，则表达式 ++*p 的值是（　　）。

A）20 B）30 C）21 D）31

8. 以下程序的输出结果是（　　）。

```
void prtv(int *x)
{  printf("%d\n",++*x); }
main()
{   int a=25;
    prtv(&a);
}
```

A）23 B）24 C）25 D）26

9. 以下程序的输出结果是（　　）。

```
main()
{  int **k, *a b=100;
   a=&b; k=&a;
   printf("%d\n",**k);
}
```

A）运行出错 B）100 C）a 的地址 D）b 的地址

10. 以下程序的输出结果是（　　）。

```
void fun(float *a,float *b)
{  float w;
   *a=*a+*a;
   w=*a;
   *a=*b;
   *b=w;
}
main()
{  float x=2.0,y=3.0;
   float *px=&x,*py=&y;
   fun(px,py);
   printf("%2.0f,%2.0f\n",x,y);
}
```

A）4,3 B）2,3 C）3,4 D）3,2

11. 以下程序的输出结果是（　　）。

```
void sub(float x,float *y,float *z)
{  *y=*y-1.0;
   *z=*z+x;
}
main()
```

```
{  float a=2.5,b=9.0,*pa,*pb;
   pa=&a, pb=&b;
   sub(b-a,pa,pa);
   printf("%f\n",a);
}
```

　　A）9.000000　　　B）1.500000　　　C）8.000000　　　D）10.500000

12. 以下四个程序中不能对两个整形值进行交换的是（　　　）。

A）
```
main()
{  int a=10,b=20;
   swap(&a,&b);
   printf("%d%d\n",a,b);
}
swap(int *p, int *q)
{  int *t,a;
   t=&a;
   *t=*p; *p=*q; *q=*t;
}
```

B）
```
main()
{  int a=10,b=20;
   swap(&a,&b);
   printf("%d%d\n",a,b);
}
swap(int *p, int *q)
{  int t;
   t=*p; *p=*q; *q=t;
}
```

C）
```
main()
{  int *a,*b;
   *a=10,*b=20;
   swap(a,b);
   printf("%d%d\n",*a,*b);
}
swap(int *p, int *q)
{  int t;
   t=*p; *p=*q; *q=t;
}
```

D）
```
main()
{ int a=10,b=20;
   int *x=&a,*y=&b;
   swap(x,y);
   printf("%d%d\n",a,b);
}
swap(int *p, int *q)
{  int t;
   t=*p; *p=*q; *q=st;
}
```

二、填空题

1. 以下程序段的输出结果是_____。
```
int *var,ab;
ab=100; var=&ab; ab=*var+10;
printf("%d\n",*var);
```

2. 以下程序的输出结果是_____。
```
int ast(int x,int y,int *cp,int *dp)
{  *cp=x+y;
   *dp=x-y;
}
main()
{  int a,b,c,d;
   a=4; b=3;ast(a,b,&c,&d);
```

```
        printf("%d %d\n",c,d);
}
```

3. 若有定义：char ch;

（1）使指针 p 可以指向变量 ch 的定义语句是_____。

（2）使指针 p 可以指向变量 ch 的赋值语句是_____。

（3）通过指针 p 给变量 ch 读入字符 scanf 函数调用语句是_____。

（4）通过指针 p 给变量 ch 的赋字符的语句是_____。

（5）通过指针 p 输出 ch 中字符的语句是_____。

4. 若有如主教材图 9.5 所示五个连续的 int 类型的存储单元并赋值如该图，且 p 和 s 的基本类型皆为 int,p 已指向存储单元 a[1]。

（1）通过指针 p，给 s 赋值，使其指向最后一个存储单元 a[4]的语句是_____。

（2）用以移动指针 s，使之指向中间的存储单元 a[2] 的表达式是_____。

（3）已知 k=2，指针 s 已指向存储单元 a[2]，表达式 *（s+k）的值是_____。

（4）指针 s 已指向存储单元 a[2]，不移动指针 s，通过 s 引用存储单元 a[3]的表达式是_____。

（5）指针 s 已指向存储单元 a[2]，p 指向存储单元 a[0]，表达式 s-p 的值是_____。

（6）若 p 指向存储单元 a[0]，则以下语句的输出结果是_____。

```
for(i=0; i<5;i++)printf("%d ",*(p+i));
printf("\n");
```

三、编程题

1. 输入 3 个整数，按由小到大的顺序输出。

2. 输入 3 个字符串，按由小到大的顺序输出。

3. 输入 10 个整数，将其中最小的数与第一个数对换，把最大的数与最后一个数对换。写 3 个函数：(1)输入 10 个数；(2)进行处理；(3)输出 10 个数。

4. 有 n 个整数，使其前面各数顺序向后移 m 个位置，最后 m 个数变成最前面 m 个数，写一函数实现以上功能，在主函数中输入 n 个整数，并输出调整后的 n 个数。

5. 有 n 个人围成一圈，顺序排号。从第一个人开始报数(从 1 到 3 报数)，凡报到 3 的人退出圈子，问最后留下的是原来第几号的那位。

6. 写一个函数，求一个字符串的长度。在 main 函数中输入字符串，并输出其长度。

7. 有一个字符串，包含 n 个字符。写一个函数，将此字符串中从第 m 个字符开始的全部字符复制成为另一个字符串。

8. 输入一行文字，找出其中大写字母、小写字母、空格、数字及其他字符各有多少。

9. 写一个函数，将一个 3×3 的矩阵转置。

10. 将一个 5×5 的矩阵中最大的元素放在中心,4 个角分别放 4 个最小的元素(按从左到右，从上到下的顺序，依次从小到大存放)，写一个函数实现之，并用 main()函数调用。

11. 在主函数中输入 10 个等长的字符串。用另一个函数对它们排序，然后在主函数输出这 10 个已排好序的字符串。

12. 用指针数组处理上一题目，字符串不等长。

13. 将 n 个数按输入顺序的逆序排列，用函数实现。

14. 有一个班 4 个学生，5 门课。(1)求第一门课的平均分；(2)找出有两门以上课程不及格的学生，输出他们的学号和全部课程成绩和平均成绩；(3)找出平均成绩在 90 分以上或全部课程成绩在 85 分以上的学生。分别编 3 个函数实现以上 3 个要求。

15. 输入一个字符串，内有数字和非数字字符，如 a123x456 17960?302tab5876 将其中连续的数字作为一个整数，依次存放到一数组 a 中。例如 123 放在 a[0]中，456 放在 a[1]中 统计共用多少个整数，并输出这些数。

16. 写一个函数，实现两个字符串的比较，即自己写一个 strcmp 函数，函数原型为 int strcmp(char *p1，char *p2)设 p1 指向字符串 s1，p2 指向字符串 s2。

要求：当 s1=s2 时，返回值为 0。当 s1<>s2 时，返回它们二者的第一个不同字符的 ASCII 码差值；如果 s1>s2，则输出正值；如果 s1<s2，则输出负值。

17. 编一个程序，输入月份号，输出该月的英文月名。例如，输入"3"，则输出"March"，要求用指针数组处理。

18. 编写一个函数 alloc(n)，用来在内存区新开辟一个连续的空间（n 个字节）。此函数的返回值是一个指针，指向新开辟的连续空间的起始地址。再写一个函数 free(p)，将地址 p 开始的各单元释放。

19. 用指向指针的指针的方法对 5 个字符串排序并输出。

20. 用指向指针的指针的方法对 n 个整数排序并输出。要求将排序单独写成一个函数。n 和整数在主函数中输入，最后在主函数中输出。

第 10 章 结构体与共用体

一、选择题

1. 变量 a 所占的内存字节数是（   ）。

```
struct stu
{
  char name[20];
  long int n;
  int score[4];
}a;
```
 A）28   B）30   C）32   D）36

2. 下列结构体类型说明和变量定义中正确的是（   ）。

 A）typedef struct   B）struct REC;
  {int n; char c;}REC;   {int n; char c;};
  REC t1,t2;   REC t1,t2;
 C）typedef struct REC ;   D）struct
  { int n=0; char c='A';} t1,t2; { int n; char c;}REC;
  REC t1,t2;   REC t1,t2;

3. 有下列程序：

```
#include  <stdio.h>
#include "string.h"
typedef struct{char name[9]; char sex;float score[2];}STU;
void f(STU A)
```

```
{
    STU b={"Zhao",'m',85.0,90.0};  int i;
    strcpy(a.name,b.name);
    a.sex=b.sex;
    for(i=0;i<2;i++)a.score[i]=b.score[i];
}
main()
{
    STU c={"Qian",'f',95.0,92.0};
    f(C);
  printf("%s,%c,%2.0f,%2.0f\n",c.name,c.sex,c.score[0],c.score
  [1]);
}
```

程序的运行结果是（　　　）。

　　A）Qian,f,95,92　　　B）Qian,m,85,90　　　　C）Zhao,f,95,92　　D）Zhao,m, 85,90

4. 有下列程序：

```
#include <stdio.h>
struct st
{ int x,y;} data[2]={1,10,2,20};
main()
{ struct st *p=data;
    printf("%d,",p->y);  printf("%d\n",(++p)->x);
}
```

程序的运行结果是（　　　）。

　　A）10,1　　　　　　B）20,1　　　　　　　C）10,2　　　　　　D）20,2

5. 有下列程序：

```
#include <stdio.h>
main()
{ struct STU{char name[9];char sex;double score[2];};
    sturt  STU a={"Zhao" ,'m',85.0,90.0},
              b={"Qian" ,'f',95:0,92.0};
  b=a;
  printf("%s,%c,%2.0f,%2.0f\n",b.name,b.sex,b.score[0],b.score
  [1]);
    }
```

程序的运行结果是（　　　）。

　　A）Qian,f,95,92　　　B）Qian,85,90　　　　C）Zhao,f,95,92　　D）Zhao,m,85,90

6. 下面结构体的定义语句中，错误的是（　　　）。

　　A）struct ord {int x;int y;int z;}; struct ord a;　　B）struct ord {int x;int y;int z;} struct ord a;

　　C）struct ord {int x;int y;int z;} a;　　　　　　　D）struct {int x;int y;int z;} a;

7. 有下列程序：

```
#include <stdio.h>
#include<string.h>
struct A
{ int a; char b[10]; double c;};
   struct A f(struct A t);
main()
{ struct A a={1001,"ZhangDa",1098.0};
   a=f(a);jprintf("%d,%s,%6.1f\n",a.a,a.b,a.c);
 }
 struct A f(struct A t)
{ t.a=1002;strcpy(t.b,"ChangRong");t.c=1202.0;return t; }
```

程序的运行结果是（   ）。

  A）1001,ZhangDa,1098.0   B）1001,ZhangDa,1202.0

  C）1001,ChangRong,1098.0   D）1001,ChangRong,1202.0

8. 有下列程序：

```
#include
#include
struct A
{ int a; char b[10]; double c;};
   void f(struct A t);
main()
{ struct A a={1001,"ZhangDa",1098.0};
  f(a); printf("%d,%s,%6.1f\n",a.a,a.b,a.c);
}
void f(struct A t)
{ t.a=1002; strcpy(t.b,"ChangRong");t.c=1202.0;}
```

程序的运行结果是（   ）。

  A）1001,zhangDa,1098.0   B）1002,changRong,1202.0

  C）1001,ehangRong,1098.0   D）1002,ZhangDa,1202.0

9. 有以下定义和语句

```
struct workers
{ int num;char name[20];char c;
  struct
  {int day; int month; int year;} s;
};
struct workers w,*pw;
pw=&w;
```

能给 w 中 year 成员赋 1980 的语句是

  A）*pw.year=1980;   B）w.year=1980;

C）pw->year=1980;   D）w.s.year=1980;

10. 在 16 位机环境下，下面程序的运行结果是（   ）。

```
typedef union student{
 char name[10];
 long sno;
 char sex;
 float scorre[4];
 } STU;
main(){
STU a[5];
printf("%d\n",sizeof(a));
}
```

　　A）　10　　　　　B）80　　　　　C）40　　　　　D）35

11. 16 位机环境下，下面程序中变量 a 所占内存字节数是（   ）。

```
union U
{
 char st[4];
 int i;
 long l;
};
struct A
{
 int c;
 union U,u;
}a;
```

　　A）4　　　　　B）5　　　　　C）6　　　　　D）8

二、编程题

1. 某班有若干名学生，每一位学生的信息包括学号、姓名、2 门课程的成绩。定义一个可以存放 3 个学生的结构体数组，实现对结构体数组的输入与输出。

2. 程序要求是这样的：用结构体存储三个学生的成绩，每个学生有 3 门课的成绩，从键盘输入以上数据（包括学生号，姓名，三门课成绩），计算出平均成绩，然后按照平均分的降序排列。

第 11 章 位 运 算

一、选择题

1. 以下叙述中不正确的是（   ）。

　　A）表达式 a&=b 等价于 a=a&b

　　B）表达式 a|=b 等价于 a=a|b

　　C）表达式 a!=b 等价于 a=a!b

D）表达式 a^=b 等价于 a=a^b

2. 表达式 0x13&0x17 的值是（   ）。

A）0x17   B）0x13   C）0xf8   D）0xec

3. 若 x=2,y=3 则 x&y 的结果是（   ）。

A）0   B）2   C）3   D）5

4. 表达式 0x13|0x17 的值是（   ）。

A）0x03   B）0x17   C）0xE8   D）0xc8

5. 在执行完以下 C 语句后，B 的值是（   ）。

```c
char  Z='A';
int   B;
B=((241&15)&&(Z|'a');
```

A）0   B）1   C）TURE   D）FALSE

6. 若有以下程序段，则执行以下语句后 x,y 的值是分别是（   ）。

```c
int x=1,y=2;
x=x^y;
y=y^x;
x=x^y;
```

A）x=1,b=2   B）x=2,y=2   C）x=2,y=1   D）x=1.y=1

7. 设有以下语句。则 z 的二进制值是（   ）。

```c
char x=3,y=6,z;
z=x^y<<2;
```

A）00010100   B）00011011   C）00011100   D）00011000

8. 有下列程序：

```c
#include<stdio.h>
main()
{ char x=040;
  printf("%d\n",x=x<<1);
}
```

程序的运行结果是（   ）。

A）100   B）160   C）120   D）64

9. 有下列程序：

```c
#include<stdio.h>
main()
{ short int x=35;
  char z='A';
  printf("%d\n",(x&15)&&(z<'a'));
}
```

程序的运行结果是（   ）。

A）0   B）1   C）2   D）3

10. 有下列程序：

```c
#include<stdio.h>
```

```
main()
{ short int a=5, b=6,c=7,d=8,m=2,n=2;
  printf("%d\n",(m=a>b)&(n=c<d'));
}
```
程序的运行结果是（　　）。

    A）0   B）1   C）2   D）3

11. 有下列程序：
```
#include<stdio.h>
main()
{ int a=5, b=1,t;
  t=(a<<2)|b ;
printf("%d\n",t);
}
```
程序的运行结果是（　　）。

    A）21   B）11   C）6   D）1

12. 变量 a 中的数据用二进制表示的形式是 01011101，变量 b 中的数据用二进制表示是形式是 11110000，若要求 a 高四位取反，低四位不变，所要执行的运算是（　　）。

    A）a^b   B）ab   C）a&b   D）a<<4

二、填空题

1. a 为任意整数，能将 a 清零的表达式是＿＿＿＿＿＿＿＿。

2. a 为八进制数 07101，能将变量 a 中各二进制位均置为 1 的表达式是＿＿＿＿＿＿。

3. 能将两字节变量 x 的高八位全置为 1，低八位保持不变的表达式是＿＿＿＿＿＿。

4. 运用位运算，能将八进制数 012500 除以 4，然后赋给变量 a 的表达式是＿＿＿＿＿＿。

5. 运用位运算，能将字符型变量 ch 中的大写字母转换成小写字母的表达式是＿＿＿＿＿＿。

三、编程题

1. 编写一个函数 getbits,从一个 16 位的单元中取出某几位（即该几位保留原值，其余位为 0）。函数调用形式为 getbits(value,n1,n2)。

value 为该 16 位中的数据值，n1 为欲取出的起始位，n2 为欲取出的结束位。如：getbits(234,3,5)表示对 234 这个数，取出从左边起的第 3 位到第 5 位。

2. 编写一函数实现左右循环移位，函数名为 move，调用方法为 move(value,n)其中，value 为要循环移位的数，n 为移位的位数。如 n<0 表示为左移；n<0 为右移。

第 12 章　文　　件

一、选择题

1. 下列关于 C 语言文件的叙述中正确的是（　　）。

    A）文件由一系列数据依次排列组成，只能构成二进制文件

    B）文件由结构序列组成，可以构成二进制文件或者文本文件

    C）文件由数据序列组成，可以构成二进制文件或者文本文件

D）文件由字符序列构成，其类型只能是文本文件

2. 下列叙述中正确的是（   ）。

A）二进制文件打开后可以先读文件的末尾，而顺序文件则不可以

B）在程序结束时，应该使用 fclose 函数关闭已打开的文件

C）在利用 fread 函数从二进制文件中读取数据时，可以用数组名给数组中所有的元素读入数据

D）不可以用 FILE 定义指向二进制的文件指针

3. 以下叙述不正确的是（   ）。

A）C 语言中的文本文件以 ASCII 码形式存储数据

B）C 语言中对二进制位的访问速度比文本文件快

C）C 语言中，随机读写方式不适用于文本文件

D）C 语言中，顺序读写方式不适用于二进制文件

4. 以下程序企图把从终端输入的字符输出到名为 abc.txt 的文件中，直到从终端读入字符#号时结束输入和输出操作，但程序有错，出错原因是（   ）。

```
#include<stdio.h>
main()
{
    FILE *fout;
    char ch;
    fout=fopen('abc','w');
    ch=fgetc(stdin);
    while(ch!='#')
    {
        fputc(ch,fout);
        ch=fgetc(stdin);
    }
    fclose(fout);
}
```

A）函数 fopen 调用形式有误　　　　B）输入文件没有关闭

C）函数 fgetc 调用形式有误　　　　D）文件指针 stdin 没有定义

5. 若执行 fopen 函数时发生错误，则函数的返回值是（   ）。

A）地址值　　　　B）NULL　　　　C）1　　　　D）EOF

6. 在 C 语言程序中，可把整型数以二进制形式存放到文件中的函数是（   ）。

A）fprintf 函数　　　B）fread 函数　　　C）fwrite 函数　　　D）fputc 函数

7. 若 fp 是指向某文件的指针，且已读到文件末尾，则库函数 feof(fp)的返回值是（   ）。

A）EOF　　　　B）0　　　　C）非零值　　　　D）NULL

8. 下面的程序执行后，文件 test 中的内容是（   ）。

```
#include<stdio.h>
void fun(char *fname,char *st)
{
```

```
    file *myf;
    int i;
    myf=fopen(fname, "w");
    for(i=0;i<strlen(st);i++)
        fput(st[i],myf);
    fclose(myf);
}
main()
{
    fun("test","new world");
    fun("test", "hello");
}
```
    A）hello   B）new worldhello   C）new world   D）hello,rld

9. 若要打开 A 盘上 user 子目录下名为 abc.txt 的文本文件进行读写操作，下面符合此要求的函数调用是（　　）。

    A）fopen("A:\user\abc.txt","r")

    B）fopen("A:\\user\\abc.txt","r+")

    C）fopen("A:\user\abc.txt","rb")

    D）fopen("A:\\user\\abc.txt","w")

10. 函数 fread(&larray,2,16,fp)功能是（　　）。

    A）从数组 larray 中读取 16 次 2 字节数据存储到 fp 所指文件中

    B）从 fp 所指的数据文件中读取 16 次 2 字节的数据存储到数组 larray 中

    C）从数组 larray 中读取 2 次 16 字节数据存储到 fp 所指文件中

    D）从 fp 所指的数据文件中读取 2 次 16 字节的数据存储到数组 larray 中

11. 若要用 fopen 函数打开一个新的二进制文件，该文件要既能读也能写，则文件打开方式字符串应是（　　）。

    A）"ab+"   B）"wb+"   C）"rb+"   D）"ab"

12. fscanf函数的正确调用形式是（　　）。

    A）fscanf(fp,格式字符串,输出表列)

    B）fscanf(格式字符串，输出表列,fp)

    C）fscanf(格式字符串,文件指针,输出表列)

    D）fscanf(文件指针，格式字符串,输入表列)

13. fgetc 函数的作用是从指定文件读入一个字符，该文件的打开方式必须是（　　）。

    A）只写   B）追加   C）读或读写   D）答案B）和C）都正确

14. 利用 fseek 函数可以实现的操作是（　　）。

    A）改变文件的位置指针   B）文件的顺序读写

    C）文件的随机读写   D）以上答案均正确

15. Rewind,函数的作用是（　　）。

    A）使位置指针重新返回文件的开头

    B）将位置指针指向文件中所要求的特定位置

C）使位置指针指向文件的末尾

D）使位置指针自动移至下一个字符位置

16. 函数 ftell(fp)作用是（　　　）。

A）得到流式文件中的当前位置　　　　B）移动流式文件的位置指针

C）初始化流式文件的位置指针　　　　D）以上答案均正确

17. 有下列程序：

```
#include<stdio.h>
main()
{ FILE *fp;
  int i=20,j=30,k,n;
  fp=fopen("d1.dat","w");
  fprintf(fp, "%d\n",i);
  fprintf(fp, "%d\n",j);
  fclose(fp);
  fp=fopen("d1.dat","r");
  fscanf(fp, "%d%d",&k,&n);
  printf("&d  %d",k,n);
  fclose(fp);
}
```

程序的运行结果是（　　　）。

A）20　30　　　　B）20　50　　　　C）30　50　　　　D）30　20

18. 有下列程序：

```
#include<stdio.h>
main()
{ FILE *f;
  f=fopen("filea.txt","w");
  fprintf(f, "abc");
  fclose(f);
}
```

若文本文件 file.txt 中原有内容：hello，则运算以上程序后，文件 filea.txt 中的内容是

（　　　）。

A）helloabc　　　B）abclo　　　　C）abc　　　　D）abchello

19. 有下列程序：

```
#include<stdio.h>
main()
{ FILE *pf;
  char *s1="China", *s2="Beijing";
  pf=fopen("abc.dat","wb");
  fwrite(s2,7,1,pf);
  rewind(pf);
```

```
        fwrite(s1,5,1,pf);
        fclose(pf);
}
```
若文本文件 file.txt 中原有内容: hello，则运算以上程序后，文件 filea.txt 中的内容是（　　）。

  A）China   B）Chinang   C）ChinaBeijing   D）BeijingChina

20. 有下列程序：
```
#include<stdio.h>
main()
{   FILE *fp;
    int a[10]={1,2,3},i,n;
    fp=fopen("d1.dat","w");
    for(i=0;i<3;i++)
        fprintf(fp, "%d",a[i]);
    fprintf(fp, "\n");
    fclose(fp);
    fp=fopen("d1.dat", "r");
    fscanf(fp, "%d",&n);
    fclose(fp);
    printf("%d\n",n);
}
```
程序的运行结果是（　　）。

  A）12300   B）123   C）1   D）321

21. 有下列程序：
```
#include<stdio.h>
main()
{   FILE *fp;
    int a[10]={1,2,3,0,0},i;
    fp=fopen("d2.dat","wb");
    fwrite(a,sizeof(int),5,fp);
    fwrite(a,sizeof(int),5,fp);
    fclose(fp);
    fp=fopen("d2.dat","rb");
    fread(a,sizeof(int),10,fp);
    fclose(fp);
    for(i=0;i<10;i++)
        printf("%d,",a[i]);
}
```
程序的运行结果是（　　）。

  A）1,2,3,0,0,0,0,0,0,0   B）1,2,3,1,2,3,0,0,0,

  C）123,0,0,0,0,123,0,0,0,0   D）1,2,3,0,0,1,2,3,0,0

22. 阅读下面程序，此程序的功能是（　　）。

```
#include "stdio.h"
main(int argc,char *argv [] )
{   FILE *p1,*p2;
    int c;
    p1=fopen(argv[1],"r");
    p2=fopen(argv[2],"a");
    c=fseek(p2,0L,2);
    while((c=fgetc(p1))!=EOF)
       fputc(c,p2);
    fclose(p1);
    fclose(p2);
}
```

  A）实现将 p1 打开的文件中的内容复制到 p2 打开的文件

  B）实现将 p2 打开的文件中的内容复制到 p1 打开的文件

  C）实现将 p1 打开的文件中的内容追加到 p2 打开的文件内容之后

  D）实现将 p2 打开的文件中的内容追加到 p1 打开的文件内容之后

23. 有下列程序：

```
#include <stdio.h>
main()
{  FILE *fp; int i, k, n;
   fp=fopen("data.dat", "w+");
   for(i=1; i<6; i++)
   { fprintf(fp,"%d ",i);
     if(i%3==0)fprintf(fp,"\n");
   }
   rewind(fp);
   fscanf(fp, "%d%d", &k, &n);
   printf("%d %d\n", k, n);
   fclose(fp);
}
```

程序的运行结果是（　　）。

  A）0 0   B）123 45   C）1 4   D）1 2

24. 以下叙述中正确的是（　　）。

  A）C 语言中的文件是流式文件，因此只能顺序存取数据

  B）打开一个已存在的文件并进行了写操作后，原有文件中的全部数据必定被覆盖

  C）在一个程序中当对文件进行了写操作后，必须先关闭该文件然后再打开，才能读到第 1 个数据

  D）当对文件的读（写）操作完成之后，必须将它关闭，否则可能导致数据丢失

25. 有下列程序：

```
#include <stdio.h>
```

```
main()
{  FILE *fp; int i;
   char ch[]="abcd",t;
   fp=fopen("abc.dat","wb+");
   for(i=0;i<4;i++)
        fwriter(&ch[],1,1,fp);
   fseek(fp,-2L,SEEK_END);
   fread(&t,1,1,fp);
   fclose(fp);
   printf("%c\n",t);
}
```
程序的运行结果是（   ）。

   A）d   B）c   C）b   D）a

26. 有下列程序：
```
#include  <stdio.h>
main()
{   FILE *fp;
    int  k,n,a[6]={1,2,3,4,5,6};
    fp=fopen("d2.dat","w");
    fprintf(fp, "%d%d\n",a[0],a[1],a[2]);
    fprintf(fp, "%d%d%d \n",a[3],a[4],a[5]);
    fclose(fp);
    fp=fopen("d2.dat","r");
    fscanf(fp, "%d%d",&k,&n);
    printf("%d%d\n",k,n);
    fclose(fp);
}
```
程序的运行结果是（   ）。

   A）1 2   B）1 4   C）123 4   D）123 456

27. 有下列程序：
```
#include   <stdio.h>
main()
{  FILE *fp;  int i,a[6]={1,2,3,4,5,6};
   fp=fopen("d3.dat","w b + ");
   fwrite(a,sizeof(int),6,fp);
   fseek(fp,sizeof(int)*3,SEEK_SET);/*该语句使读文件的位置指针从文件
   头向后移动 3 个 int 型数据*/
   fread(a,sizeof(int),3,fp);
   fclose(fp);
   for(i=0;i<6;i++)
```

```
        printf("%d, ",a[i]);
    }
```
程序的运行结果是（   ）。

    A）4,5,6,4,5,6,   B）1,2,3,4,5,6,   C）4,5,6,1,2,3,   D）6,5,4,3,2,1,

二、填空题

1. 下面程序把从终端读入的文本（用@作为文本结束标志）输出到一个名为 bi.dat 的新文件中。
```
 #include "stdio.h"
FILE *fp;
{   char ch;
    if((fp=fopen(_____)==NULL)
            exit(0);
    while((ch=getchar( ))!='@')fputc (ch,fp);
    fclose(fp);
}
```

2. 在对文件操作的过程中，若要求文件的位置指针回到文件的开始处，应当调用的函数是_____。

3. 以下程序将数组 a 的 4 个元素和数组 b 的 6 个元素写到名为 lett.dat 的二进制文件中。
```
#include <stdio.h>
main ()
{   FILE *fp;
    char a [4] ="1234", b [6] ="abcedf";
    if((fp=fopen("_____","wb"))=NULL)
        exit(0);
    fwrite(a,sizeof(char),4,fp);
    fwrite(b, _____,1,fp);
    fclose(fp);
}
```

4. 用以下语句调用库函数 malloc，使字符指针 st 指向具有 11 个字节的动态存储空间。
```
st=(char*)_____。
```

5. 以下程序段打开文件后，先利用 fseek 函数将文件位置指针定位在文件末尾，然后调用 ftell 函数返回当前文件位置指针的具体位置，从而确定文件长度。
```
FILE *myf; long f1;
myf= _____ ("test.t","rb");
fseek(myf,0,SEEK_END);
f1=ftell(myf);
fclose(myf);
printf("%d\n",f1);
```

6. "FILE *p" 的作用是定义一个文件指针变量，其中的 "FILE" 是在_____头文件中定义的。

7. 当调函数 frend 从磁盘文件中读取数据时，若函数数的返回时为 5，则表明_____；若函数的返回值为 0，则表明_____。

三、简答题

1. 什么是文件型指针？通过文件指针访问文件有什么好处？

2. 从键盘输入一个字符串将其中的大写字母全部转换成小写字母，输出到文件 A.dat 里保存，输入以#结束。

3. 编写一个函数 fun，该函数功能是建立一个带头结点的单向链表并输出到文件 file.dat 和屏幕上，各结点的值为对应的下标，链表的结点数及输出的文件名作为参数传入。

4. 有两个磁盘文件 A 和 B，各存放一行字母，今要求把这两个文件中的信息合并（按字母顺序排列），输出到一个新建文件 C 中。

第三部分 习题解答

第1章 C语言概述

一、选择题

1～5 ADCBB   6～8 BBB

二、填空题

1. 顺序结构　选择结构　循环结构

2. 自顶向下　逐步细化

3. 函数　函数首部　函数体

4. 主函数　任何

5. 注释　用来说明语句或程序段的功能

6. 伪代码和流程图

第2章 基本数据类型和运算

一、选择题

1～5 CABAD   6～10 DCBCC   11～15 DCBBA   16～20 CDCBB

21～25 ADAAD   26～30 CDDBA   31～35 DDDCD   36～40 BBBDC

二、填空题

1. –16   2. –32768～+32767   3. 1   4. 26   5. 12　4

6. 2   7. 10   8. 1   9. 1   10. 102

11. 38   12. 5.500000   13. %ld　%u　%e   14. a=10, b=20<CR>

15. a、b值互换   16. 跳过对应的输入数据   17. a+=1

三、程序分析题

1. a=2, b=17

2. main()函数少了花括号（{}）

第3章 顺序结构程序设计

一、选择题

1～5   ABCCC   6～10   CCCDA   11～15   ABACC

16～20   CACCC   21～25   AABDB   26～30   DD(BC)DC

二、填空题

1. m=123n=456p=789   2. 28   3. 6   4. 8, 10   5. 12

6. 1234　　7. 7, 55　　8. 261

三、程序分析题

1. aabb□□□□cc□□□□□□abc

　　　　　　Ab

　(□为空格)

2. 9, 11, 9, 10

第4章　运算符和表达式

一、选择题

1～5　DCBAD　　　　6～10　BCBCC　　　11～15　BCCCA

16～20　DACCB　　　21～24　AABB

二、填空题

1. yes　　2. 20, 0　　3. 585858　　4. passwarm　　5. 1

6. [1]gz<850　[2]gz<1500　[3] gz<2000　[4] rfgz=gz–gz*0.015　[5] rfgz=gz–gz*0.02

7. 1 3 6　　8. F　　9. [1]u,v　[2]x>y　[3] u>z

三、程序分析题

1. 4　　2. a　　3. 67, C　　4. 10

四、编程题

```
1. switch(a/10)
   {   case   0:
       case   1:
       case   2:m=1;break;
       case   3:m=2;break;
       case   4:m=3;break;
       case   5:m=4;break;
       default:m=5;
   }

2. #include <stdio.h>
   main()
   {   int  n;
       scanf("%d",&n);
       if(n%2==0)  printf("%d是偶数 \n",n);
       else    printf("%d是奇数 \n",n);
   }

3. #include <stdio.h>
   main()
   {
       int  a,b,c,max;
       printf("请输入三个整数: \n");
```

```
    scanf("%d %d %d",&a,&b,&c);
    if(a>b)  max=a;
    else    max=b;
    if(max<c)   max=c;
    printf("%d,%d,%d中最大数为: %d",a,b,c,max);
}
```

第5章 循环结构程序设计

一、选择题

1~5 CCBBB   6~10 ACABB   11~15 BACCC   16~19 BDCA

二、填空题

1. for、while、do while   2. do while   3. for   4. 2 0

三、程序阅读题

1. 28 70   2. 2, 0   3. 8   4. 36

5. 3

  1

  –1

6. 3, 1, –1, 3, 1, –1,   7. a=16 y=60   8. i=6, k=4

9. 1, –2   10. 2, 3

四、程序填空题

1. d=1.0、k++、k<=n

2. m=n

  m

  m=m/10

3. m%5==0

4. front

  front!=' '

  ' '

5. x>=0、x<amin

五、编程题

```
1.  #include <stdio.h>
    #include <stdlib.h>
    int main(void)
    {
        int m, n, r;
        int s;
        printf("输入两数: ");
        scanf("%d %d", &m, &n);
        s = m * n;
```

```
        while(n != 0)
    {
        r = m % n;
        m = n;
        n = r;
        }
        printf("GCD: %d\n", m);
        printf("LCM: %d\n", s/m);
    }
2. #include<stdio.h>
   void main()
   {
   char ch;
   int ch_n1,ch_n2,ch_n3,ch_n4;
   ch_n1=ch_n2=ch_n3=ch_n4=0;
   printf("请输入一行字符串: ");
   while(1)
   {
        scanf("%c",&ch);
        if(ch=='\n')
        {
            printf("英文字母有%d%个。\n",ch_n1);
            printf("空格有%d%个。\n",ch_n2);
            printf("数字有%d%个。\n",ch_n3);
            printf("其他字符有%d%个。\n",ch_n4);
            break;
        }
        else if(ch>='a' && ch<='z' || ch>='A' && ch <='Z')
          {
              ch_n1++;
          }
          else if(ch==' ')
          {
              ch_n2++;
          }
              else if(ch>='0' && ch<='9')
                {
                    ch_n3++;
                }
                else
```

```
                {
                    ch_n4++;
                }
            }
        }
    }
3. #include "stdio.h"
   main()
   {
    int i,j;
    long a,total=0;
    for(i=1;i<21;i++)
    {
        a=1;
        for(j=1;j<i+1;j++)
            a*=j;
        total+=a;
    }
        printf("%d\n",total);
    }
```
程序的运行结果是 268040729
```
4. #include <stdio.h>
   double sum(int n)
   {
    int i;
    double part = 0;
    for( i = 1.0; i <= n; i++ )
        part += (1.0 / i);
    return 2 * n - part;
   }
   int  main(void)
   {
      printf( "%.18f\n", sum(20) );
    return 0;
   }


5.  #include <stdio.h>
    void main()
    {
      int i,j,k,n=100;
      while(n<1000)
```

```
    {
        i=n/100;
        j=n%100/10;
        k=n%10;
        if(i*100+j*10+k==i*i*i+j*j*j+k*k*k)
            printf("%d%d%d\n",i,j,k);
        n++;
    }
}
```

第6章 数　　组

一、选择题

1～5　CADDC　　　6～10　ACCAA　　　11～15　CDBDC　　　16～20　CBDBD

21～24　CCAD

二、编程题

1. 所谓"筛选法"指的是"埃拉托色尼（Eratosthenes）筛法"。他是古希腊的著名数学家。他采取的方法是，在一张纸上写上 1～100 全部整数，然后逐个判断它们是否是素数，找出一个非素数，就把它挖掉，最后剩下的就是素数。具体做法如下：

<1> 先将 1 挖掉(因为 1 不是素数)。

<2> 用 2 去除它后面的各个数，把能被 2 整除的数挖掉，即把 2 的倍数挖掉。

<3> 用 3 去除它后面的各数，把 3 的倍数挖掉。

<4> 分别用 4、5…各数作为除数去除这些数以后的各数。这个过程一直进行到在除数后面的数已全被挖掉为止。例如找 1～50 的素数，要一直进行到除数为 7 为止。

题解如下：

```c
#include <stdio.h>
#include <math.h>
int main()
{
    int i,j,n,a[101];
    for (i=1;i<=100;i++)
        a[i]=i;
    for (i=2;i<sqrt(100);i++)
        for (j=i+1;j<=100;j++)
        {
            if (a[i]!=0 && a[j]!=0)
            if (a[j]%a[i]==0)
                a[j]=0;
        }
    printf("\n");
```

```
        for (i=2,n=0;i<=100;i++)
        {
            if (a[i]!=0)
            {
                printf("%5d",a[i]);
                n++;
            }
            if (n==10)
            {
                printf("\n");
                n=0;
            }
        }
        getch();
        return 0;
}
```

2．所谓选择法，就是将第一个数与余下的所有的数都进行比较，如果第一个数比其他数都小，则不进行交换，如果余下的数有一个以上比第一个数小，则将其中最大的一个与第一个数交换，这样一趟比较下来，第一个数就存放了最小的数。起泡法是最大数沉底，选择法是最小数坐头。据此，选择法代码如下：

```
#include <stdio.h>
int main()
{
    int i,j,min,temp,a[11];
    printf("enter data:\n");
    for (i=1;i<=10;i++)
    {
        printf("a[%d]=",i);
        scanf("%d",&a[i]);
    }
    printf("\n");
    for (i=1;i<=10;i++)
        printf("%5d",a[i]);
    printf("\n");
    for (i=1;i<=9;i++)
    {
        min=i;
        for (j=i+1;j<=10;j++)
         if (a[min]>a[j])
            min=j;
```

```
        temp=a[i];
        a[i]=a[min];
        a[min]=temp;
    }
    printf("\nthe sorted numbers:\n");
    for (i=1;i<=10;i++)
        printf("%5d",a[i]);
    getch();
    return 0;
}
```

3.
```
#include<stdio.h>
main()
{
    int a[3][3],sum=0;
    int i,j;
    printf("enter data:\n");              //提示符
    for(i=0;i<3;i++)
     for(j=0;j<3;j++)                     //输入数据
        scanf( "%d" ,&a[i][j]);
    for(i=0;i<3;i++)
        sum=sum+a[i][j];
    printf("sum=%6d\n",sum);
}
```

4.
```
1
1
1   2   1
1   3   3   1
1   4   6   4   1
1   5   10   10   5   1
.
.
.
#include  <stdio.h>
main()
{ int i,j,n=0,a[17][17]={0};
    while(n<1 || n>16)
  { printf("请输入杨辉三角形的行数:");
    scanf("%d",&n);
```

```c
    }
    for(i=0;i<n;i++)
      a[i][0]=1;          /*第一列全置为一*/
    for(i=1;i<n;i++)
      for(j=1;j<=i;j++)
        a[i][j]=a[i-1][j-1]+a[i-1][j];/*每个数是上面两数之和*/
    for(i=0;i<n;i++)     /*输出杨辉三角*/
    { for(j=0;j<=i;j++)
        printf("%5d",a[i][j]);
      printf("\n");
    }
}
```

5. 对于如上的方阵, 可看成 3 个正方形组成, 第 1 个正方形的元素为{1 2 3 4 5 6 7 8 9 10 1 1 12 13 14 15 16}, 第 2 个正方形的元素为{17 18 19 20 21 22 23 24}, 第 3 个正方形的元素为 {25}。经观察易知, 对于左上角下标为 (i,i), 边长为 curside 的正方形的其他 3 个顶点的下标依次为(i+curside–1,i),(i+curside–1,i+curside–1),(i,i+curside–1)。

填充 n×n 阶螺旋方阵时, 可按从外向内依次填充各正方形, 下面为流程:

初始化当前要填入矩阵的值 curvalue=1

初始化当前要填入正方形的边长 curside=n

for(i=1;i<=(n+1)/2;i++)

如边长为 1, 则做特殊处理

如边长大于 1, 左如下处理

填充左面的边

填充下面的边

填充右面的边

填充上面的边

下面是 C 语言程序:

```c
#include<stdio.h>
void main()
{  int n;
   scanf("%d",&n);/*矩阵的阶*/
   int a[20][20];
   do
   {  if(n<1||n>=20)
          scanf("%d",&n);
   }while(n<1||n>=20);/*n 的值应在 1 到 19 之间, 否则重新输入*/
   int curvalue=1;/*当前要填入矩阵的值*/
   int curside=n;/*当前要填写正方形的边长*/
   int i,j;
   for(i=1;i<=(n+1)/2;i++)
```

```
    {/*生成第 i 个正方形*/
       if(curside==1)
       {/*边长为一的正方形*/
         a[i][i]=curvalue++;
       }
       else
       {  for(j=i;j<i+curside-1;j++)
          {/*填入正方形左面的边*/
             a[j][i]=curvalue++;
          }
          for(j=i;j<i+curside-1;j++)
          {/*填入正方形下面的边*/
             a[i+curside-1][j]=curvalue++;
          }
          for(j=i+curside-1;j>i;j--)
          {/*填入正方形右面的边*/
             a [j][i+curside-1]=curvalue++;
          }
          for(j=i+curside-1;j>i;j--)
          {/*填入正方形上面的边*/
             a[i][j]=curvalue++;
          }
       }
       curside-=2;
  }
for(i=1;i<=n;i++)
 {
    for(j=1;j<=n;j++)
    {  printf("%d ",a[i][j]);
    }
    printf("\n");/*换行*/
 }
}
```

6. 输出 n 阶魔方阵方法提示：

魔方阵的元素为 1～n2 之间的自然数，其中 n 为奇数；方阵每一行、每一列及对角线元素之和都相等。

和为：n×(n2+1)/2

和数：n×(n2+1)/2=5×(25+1)/2=65

行和：17+24+1+8+15=65

列和：17+23+4+10+11=65

对角和：17+5+13+21+9=65

魔方阵排列规律

① 自然数 1 总是在方阵第一行当中一列上；

② 后续的自然数在当前数的右上方，即行数减 1、列数加 1 的位置。若当前数在第一行但不在最后列，则后续数在最后一行的下一列上；若当前数在最后列，则后续数在上一行的第一列；

③ 若按照规律 2 得出的位置已被占用，则下一个自然数放在当前数的下一行同列上。

试题内容：打印"魔方阵"。所谓魔方阵是指这样的方阵，它的每一行、每一列和对角线之和均相等。

数据描述：输入、输出均为整型，输出格式：%2d 。

输入格式：3

输出格式：

```
8  1  6
3  5  7
4  9  2
```

输入格式：5

输出格式：

```
17  24   1   8  15
23   5   7  14  16
 4   6  13  20  22
10  12  19  21   3
11  18  25   2   9
```

符合题意的代码：

```c
#include<stdio.h>
#include<math.h>
void main()
{
  int a[16][16],i,j,k,n;
  scanf("%d",&n);
  for ( i=1;i<=n;i++)
  {
    for( j=1;j<=n;j++)
        a[i][j]=0;
  }
    j=n/2+1;
    a[1][j]=1;
    for (k=2; k<=n*n;k++)
    {
        i=i-1;
```

```
        j=j+1;
        if ((i<1) && (j>n))
       {
          i=i+2;
          j=j-1;
       }
        else
       {
          if (i<1)
              i=n;
          if (j>n)
              j=1;
       }
        if (a[i][j]==0)
           a[i][j]=k;
        else
       {
         i=i+2;
         j=j-1;
         a[i][j]=k;
       }
     }
     for (i=1; i<=n; i++ )
     {
        for(j=1;j<=n;j++)
          printf("%3d",a[i][j]);
        printf("\n");
     }
  }


7. #include"math.h"
 main()
{static int i,j,m,a[15]={1,4,9,13,21,34,55,89,144,233,377,570,671,
703,812};
   scanf("%d",&m);
   for(j=0;j<15;j++)
       printf("%4d",a[j]);
   printf("\n");
   i=7;
```

```
    while(fabs(i-7)<8)
  {  if(m<a[7])
      {  if(a[i]-m==0)
        {   printf("it is at  (%d)\n",i+1);break;}i--;}
     else if(m>a[7])
         {  if(a[i]-m==0)
           {   printf("it is at  (%d)\n",i+1);break;}i++;}
            else
              printf("8\n");
  }
    if(fabs(i-7)-8==0)
      printf("There is not\n");
}
```

8.
```
main()
{  int i,j=0,k=0,l=0,m=0,n=0;
   char str0[301],str1[100],str2[100],str3[100];
   gets(str1);gets(str2);gets(str3);
   strcat(str0,str1);strcat(str0,str2);strcat(str0,str3);
   for(i=0;str0[i]!='\0';i++)
   {  if(str0[i]>=65&&str0[i]<=90)  j++;
      else if(str0[i]>=97&&str0[i]<=122)  k++;
         else if(str0[i]>=48&&str0[i]<=57)  l++;
             else if(str0[i]==32)  m++;
                else n++;
   }
    printf("Daxie Xiaoxie Shuzi Kongge Qita\n");

    printf("%5d %7d %5d %6d %4d\n",j,k,l,m,n);

  }
```

9. 即第一个字母变成第 26 个字母，第 i 个字母变成第（26-i+1）个字母。非字母字符不变，要求编程序将密码回原文，并打印出密码和原文。

```
main()
 {  int i;char str1[100],str2[100];
    gets(str1);
    for(i=0;str1[i]!='\0';i++)
       if(str1[i]>=65&&str1[i]<=90)
          str2[i]=155-str1[i];
        else if(str1[i]>=97&&str1[i]<=122)
            str2[i]=219-str1[i];
```

```
          else
              str2[i]=str1[i];

       printf("%s\n%s\n",str1,str2);

 }
10. main()
{ int i,j;char str1[100],str2[100],str3[201];
  gets(str1);
  gets(str2);
  for(i=0;str1[i]!='\0';i++)
      str3[i]=str1[i];
  for(j=0;str2[j]!='\0';j++)
      str3[j+i]=str2[j];
  printf("%s\n%s\n%s\n",str1,str2,str3);
}
11. #include <stdio.h>
#include <string.h>
main()
{ int i,resu;
  char s1[100],s2[100];
  printf("\n input string1: ");
  gets(s1);
  printf("\n Input string2: ");
  gets(s2);
  i=0;
  while(s1[i]==s2[i]&&s1[i]!='\0') i++;
  if(s1[i]=='\0'&&s2[i]=='0') resu=0;
  else resu=s1[i]-s2[i];
  printf("\n result: %d\n",resu);
}
12. #include "stdio.h"
    main()
    { char s1[80],s2[80];
      int i;
      printf("Input s2: ");
      scanf("%s",s2);
      for(i=0;i<strlen(s2);i++)
          s1[i]=s2[i];
      printf("s1: %s\n",s1);
    }
```

第7章 函　数

一、选择题
1~5　CCBCA　　6~7　DA

二、填空题
1. 12　　2. 9.000000　　3. 4　　4. n=1、s

5. <=y、z*x　　6. 1L、s*i、0、f(k)

三、编程题

```
1. int hcf(int u, int v)
   { int t,r;
     if(v>u)
     { t=u; u=v; v=t;
      }
     while((r=u%v)!=0)
      { u=v;
        v=r;
       }
      return(v);
    }
      int lcd(int u, int v, int h)
      {
        return(u * v/h);
      }
   main()
    { int u, v, h, l;
      scanf("%d, %d,&u, &v);
      h=hcf(u, v);
      printf("H.C.F=%d\n",h);
      l=lcd(u,v,h);
      printf("L.C.D=%d\n",l);

    }
2. main()
   { int prime(int);
     int n;
     printf("\nInput an interger:");
     if (prime(n))
         printf("\n %d is a prime.",n);
     else
```

```c
        printf("\n %d is not a prime.",n);
}
int prime(int n)
{  int flag=1,u,I;
   for (I=2;I<n/2&& flag= =1;I++)
   if (n%I= =0)
      flag=0;
   return(flag);
}
```

3.
```c
#define N 3
int array[N][N];
convert(int array[3][3])
{  int I ,j ,t;
   for(I=0;I<N;I++)
   for (I=I+1;j<N;j++)
   {  t=array[i][j];
           array[I][j]=array[j][I];
           array[j][I]=t;
   }
}
Main()
{  int I,j;
   printf("Input array:\n");
   for (I=0;I<N;I++)
       printf("%5d" ,array[I][j]);
   printf("\n");
   convert(array);
   printf(convert array:\n");
   for(I=0,I<N,I++)
   {   for(j=0,j<N,j++)
          printf("%sd",array[I][j]);
       printf( "\n" );
   }
}
```

4.
```c
main()
{  int inverse(char str[]);
   char str[100];
   printf("Input string:"):
```

```
        scanf("%s",str);
        inverse(str);
        printf("Inverse string:%d\n",str);
    }
    int inverse (char str[])
    {  char t ;
       int I,j;
       for (I=0,j=strlen(str);I<strlen(str)/2;I++,j - -)
      {  t=str[I];
         str[I]=str[j-1];
         str[j-I]=t;
       }
    }
```

5.
```
    char concatenate(char string 1[],char string2[],char string[])
    {  int I,j;
       for (I=0,string1[I]!='\0';j++)
            string[I]=string1[I];
       for(j=0;string2[j]!='\0';j++)
            string[I+j]=string2[j];
       string[I+j]='\0';
    }
    main()
    {  char sl[100],s2[100],s[100];
       printf("\nInput string1:");
       scanf("%s",s1);
       printf("\nInput string2:");
       scanf("%s",s2);
       concatenate(s1,s2,s);
       printf("The new string is %s\n",s);
    }
```

6.
```
    main ()
    {  void cpy (char s[],char c[]);
       char sty[80],c[80];
       printf("\nInput string:");
       gets(sty);
       cpy(sty,c);
       printf("\The vowel letters are :%s",c);
```

```
        }
    void cpy(char s [],chat c[])
    {   int I,j;
        for (I=0,j=0;s[I]!='\0';I++)
            if(s[i]= ='a' ‖ s[I]= ='A' ‖ s[I]= ='e' ‖ s[I]= ='E' ‖ s[i]=
        ='i' ‖ s[i]= ='o' ‖ s[i]= ='O' ‖ s[i]= ='u' ‖ s[i]= ='U' )
            {   c{j}=s[i];
                j++;
            }
            c[j]='\0';
    }
7.  int letter,digit,space,other;
    main()
    {   int count(char str[]);
        char text[80];
        printf("\nInput string:\n");
        gets(text);
        printf("string:");
        puts(text);
        letter=0;
        digit=0;
        space=0;
        others=0;
        count(text);
        printf("letter:%d,digit:%d,space:%d,other:%d\n",letter,digit,
        space,pthers);
    }
    int count (char str[])
    {   int i;
        for(I=0;str[i]!='\0'';I++)
            if ((str[i]>='a'&&str[i]<='z')||(str[i]>='A'&&str[i]<=
                'Z'))letter++;
            else  if (str[i].='0'&&str[i]<='9')
                    digit ++;
                else if (strcmp(str[i],'')==0)
                        space ++;
                    else
                        others++;
    }
```

```
8. #define N 10
   char str[N];
   main()
   {  void sort(char str[]);
      int I,flag;
      for(flag=1;flag==1;)
      {   printf("\nInput string:\n");
          scanf("%s",&str);
          if(strlen(str)>N)
                printf("String too long ,input again!");
          else
                flag=0;
      }
      sort(str);
      printf("string sorted:\n");
      for(I=0;I<N;I++)
          printf("%c",str[i]);
   }
   void sort (char str[])
   {  int I,j;
      char t;
      for(j=1;j<N;j++)
      for(I=0;(I<N-j)&&(str[i]!'\0');I++)
         if (str[i]>str[I+1])
         {  t=str[i];
            str[i]=sre[I+1];
            str[I+1]=t;
         }
   }
9. #include<stdio.h>
   #define MAX 1000
   main()
   {  char t[MAX];
      I=0;flag=0; flag=1;
      printf("\ninput a hex number:");
      while((c=getchar())!='\0'&&I<MAX&&flag1)
   {  if(c>='0'&&c<='9'||c>='a'&c<='f'||c>='A'&&c<='F')
         {  flag=1;
```

```
            t[I++]=c;
        }
    else  if(flag)
        { t[I]='0';
          printf("decimal  number %d:\n",htoi(t));
          printf("Continue or not?");
          c=getchar();
          if(c=='N'||c=='n')
              flag1=0;
          else
          { flag=0;
            I=0;
            printf("\nInput a hex number:");
          }
        }
    }
}
htoi((char s[])
{ int I,n;
  n=0;
  for(I=0;s[I]!='\0';I++)
  { if(s[I]>='0'&&s[I]<='9')
        n=n*16+s[I]-'0';
    if(s[I]>='a'&&s[I]<='f')
        n=n*16+s[I]-'a'+10;
    if(s n=n*16+s[I]-'a'+10;
        n=n*16+s[I]-'A'+10;
  }
  return(n);
}
```

程序如下:

```
main ()
{  int year,month,day,days;
   printf("\ninput date(year, month,day):");
   scanf("%d,%d,%d",&year,&month,&day);
   printf("\n %d/%d/%d",year,month,day);
   days=sum_day(month,day);
   if (leap(year) && month>=3)
       days=days+1;
   printf("is the %dth day in this year.\n",days);
}
```

```
int day_tab[13]={0,31,28,31,30,31,30,31,31,30,31,30,31};
int sum_day(int month,int day)
{  int I;
   for (I=1;I<month;I++)
      day+=day_tab[I];
   return(day);
}
int leap(int year)
{  int leap;
   leap=year%4==0&&year%100!=0 ∥ year%400==0;
   return(leap);
}
```

运行结果:
```
input data(year,month,day):2008,8,8
2008/8/8 is the 221th day in this year.
```

第8章　编译预处理

一、选择题

1～5　CCCBA

二、填空题

1. 宏定义　　文件包含　　条件编译　　2. 880　　3. 2400

4. x= 93　　5. c=2

三、编程题

1. `#define MYALPHA(c)  (c>=97&&c<=122||c>=65&&c<=90)?1:0`

2. `#define S(a,b,c)  ((a+b+c)/2)`
   `#define AREA(a,b,c)  (sqrt(S(a,b,c)*(S(a,b,c)-a)*(S(a,b,c)-b)*`
   `(S(a,b,c)-c)))`

3.
```
#include <stdio.h>
#define max3(a,b,c)  (a>b?a:b)>c?(a>b?a:b):c
main( )
{ printf("Max=%d\n",max3(3+5,4+2,5+1)); }
```
   或者:
```
#include <stdio.h>
#define max2(a,b) (a>b?a:b)
#define max3(a,b,c) max2(a,b)>c?max2(a,b):c
main( )
{ printf("Max=%d\n",max3(3+5,4+2,5+1)); }
```

4.
```
#include <stdio.h>
#define sum(n)  (n+1)*(n)/2
```

```
main( )
{ printf("Sum=%d\n",sum(2+4)),
```

第 9 章 指　　针

一、选择题

1～5　ABBCA　　　　6～10　CCDBC

11～12　CC

二、填空题

1. 100　　2. 7 1

3. (1)char *p=&ch;　　(2) p=&ch ；　(3) scanf("%c",*p) ；

(4) ch=*p ；　(5) printf("%c",*p) ；

4. (1) s=p+3；(2) s=s–2 ；　(3) 50　　　(4) *(a+1)　　　(5) 2

(6) 10　20　30　40　50

三、编程题

```
1. main()
   { int n1,n2,n3;
     int *p1,*p2,*p3;
     printf("Input three integers n1,n2,n3:");
     scanf("%d,%d,%d",&n1,&n2,&n3);
     p1=&n1;
     p2=&n2;
     p3=&n3;
     if(n1>n2) swap(p1,p2);
     if(n1>n3) swap(p1,p3);
     if(n2>n3) swap(p2,p3);
     printf("Now,the order is:%d,%d,%d\n",n1,n2,n3);
   }
   swap(int *p1,int *p2)
   { int p;
     p=*p1;*p1=*p2;*p2=p;
   }
2. main()
   { char *str1[20],*str2[20],*str3[20];
     char swap();
     printf("Input three lines:\n");
     gets(str1);
     gets(str2);
```

```
                              >0)swap(str1,str2);
                    ,str3)>0)swap(str1,str3);
                str2,str3)>0)swap(str2,str3);
            ow,the order is:\n");
          s\n%s\n%s\n",str1,str2,str3);

            har *p1,char *p2)
            20];
          ,p1);strcpy(p1,p2);strcpy(p2,p);
    }
3. main()
    {   int number[10];
        input(number);
        max_min_value(number);
        output(number);
    }
    input(int number[10])
    {   int i;
        printf("Input 10 numbers:");
        for(i=0;i<10;i++)
            scanf("%d",&number[i]);
    }
    max_min_value(int array[10])
    {   int *max,*min,*p,*array_end;
        array_end=array+10;
        max=min=array;
        for(p=array+1;p<array_end;p++)
        if(*p>*max) max=p;
        else  if(*p<*min)  min=p;
        *p=array[0];array[0]=*min;*min=*p;
        *p=array[9];array[9]=*max;*max=*p;
        return;
    }
    output(int array[10])
    {   int *p;
        printf("Now,they are:");
        for(p=array;p<=array+9;p++)
```

```
            printf("%d",*p);
    }
4. main()
    {   int number[20],n,m,i;
        printf("How many numbers?");
        scanf("%d",&n);
        printf("Input %d numbers:\n",n);
        for(i=0;i<n;i++)
            scanf("%d",&number[i]);
        printf("How many place you want to move?");
        scanf("%d",&m);
        move(number,n,m);
        printf("Now,they are:\n");
        for(i=0;i<n;i++)
            printf("%d",number[i]);
    }
  Move(int array[20],int n,int m)
  {   int *p,array_end;
      array_end=*(array+n-1);
      for(p=array+n-1;p>array;p--)
        *p=*(p-1);
      *array=array_end;
      m--;
      if(m>0)  move(array,n,m);
  }
5. main()
  {   int i,k,m,n,num[50],*p;
      printf("Input number of person:n=");
      scanf("%d",&n);
      p=num;
      for(i=0;i<n;i++)
        *(p+i)=i+1;
      i=0;
      k=0;
      m=0;
      while(m<n-1)
      {   if(*(p+i)!=0) k++;
          if(k==3)
```

```
            {   *(p+i)=0;
                k=0;
                m++;
             }
            i++;
            if(i==n)  i=0;
          }
     while(*p==0)  p++;
    printf("The last one is NO.%d\n",*p);
    }
6. main()
      {  int len;
         char *str[20];
         printf("Input string:");
         scanf("%s",str);
         len=length(str);
         printf("The length of string is %d.",len);
       }
         length(char *p)
        {  int n;
           n=0;
           while(*p!='\0')
           {  n++;
              P++;
      }
           return(n);
        }
7. main()
      {  int m;
         char *str1[20],*str2[20];
         printf("input string:");
         gets(str1);
         printf("Which character that begin to copy?");
         scanf("%d",&m);
         if(strlen(str1)<m)
            printf("input error!");
        else
```

```
        {   copystr(str1,str2,m);
            printf("result:%s",str2);
          }
    }
    copystr(char *p1,char *p2,int m)
     {  int n;
        n=0;
        while(n<m-1)
        {   n++;
            p1++;
         }
        while(*p1!='\0')
        {   *p2=*p1;
            p1++;
            p2++;
        }
        *p2='\0';
     }
8.  #include<stdio.h>
    main()
    {  int upper=0,lower=0,digit=0,space=0,other=0,i=0;
       char *p,s[20];
       printf("Input string:");
       while((s[i]=getchar())!='\n') i++;
       p=&s[0];
       while(*p!='\n')
       {   if(('A'<=*p)&&(*p<='Z'))
              ++upper;
           else if(('a'<=*p)&&(*p<='z'))
              ++lower;
           else if(*p=='')
              ++space;
           else if((*p<='9')&&(*p>='0'))
                ++digit;
          else
                ++other;
        p++;
        }
       printf("upper case:%d lower case:%d",upper,lower);
```

```
          printf("space:%d digit:%d other:%d\n",space,digit,other);
      }
9. main()
   {  int a[3][3],*p,i;
      printf("Input matrix:\n");
      for(i=0;i<3;i++)
        scanf("%d %d %d",&a[i][0],&a[i][1],&a[i][2]);
      p=&a[0][0];
      move(p);
      printf("Now,matrix:\n");
      for(i=0;i<3;i++)
        printf("%d %d %d\n"),a[i][0],a[i][1],a[i][2]);
      }
    move(int *pointer)
    {  int i,j,t;
       for(i=0;i<3;i++)
         for(j=i;j<3;j++)
         {  t=*(pointer+3*i+j);
            *(pointer+3*i+j)=*(pointer+3*j+i);
            *(pointer+3*j+i)=t;
  }
      }
10. main()
    {  int a[5][5],*p,i,j;
       printf("Input matrix:\n");
       for(i=0;i<5;i++)
         for(j=0;j<5;j++)
           scanf("%d",&a[i][j]);
       p=&a[0][0];
       change(p);
       printf("Now,matrix:\n");
       for(i=0;i<5;i++)
       {   for(j=0;j<5;j++)
             printf("%d",a[i][j]);
           printf("\n");
  }
  }
  change(int *p)
```

```c
{   int i,j,temp;
    int *pmax,*pmin;
  pmax=p;
    pmin=p;
    for(i=0;i<5;i++)
      for(j=0;j<5;j++)
      {   if (*pmax<*(p+5*i+j))  pmax=p+5*i+j;
          if (*pmin>*(p+5*i+j))  pmin=p+5*i+j;
      }
  temp=*(p+12);
  *(p+12)=*pmax;
    *pmax=temp;
  temp=*p;
  *p=*min;
    *pmin=temp;
pmin=p+1;
for(i=0;i<5;i++)
      for(j=0;j<5;j++)
          if(((p+5*i+j)!=p)&&(*pmin>*(p+5*i+j)))  pmin=p+5*i+j;
temp=*pmin;
*pmin=*(p+4);
*(p+4)=temp;
 pmin=p+1;
for(i=0;i<5;i++)
    for(j=0;j<5;j++)
     if(((p+5*i+j)!=(p+4))&&((p+5*i+j)!=p)&&(*pmin>*(p+5*i+j)))
          pmin=p+5*i+j;
temp=*pmin;
*pmin=*(p+20);
*(p+20)=temp;
pmin=p+1;
for(i=0;i<5;i++)
      for(j=0;j<5;j++)
if(((p+5*i+j)!=p)&&((p+5*i+j)!=(p+4))&&((p+5*i+j)!=(p+20))&&
(*pmin>*(p+5*i+j)))   pmin=p+5*i+j;
temp=*pmin;
*pmin=*(p+24);
*(p+24)=temp;
}
```

```
11.   #include<string.h>
      main()
    { void sort(char s[ ][ ]);
      int i;
      char str[10][6];
      printf("Input 10 strings:\n");
      for(i=0;i<10;i++)
         scanf("%s",str[i]);
      sort(str);
      printf("Now,the sequence is:\n");
      for(i=0;i<10;i++)
          printf("%s\n",str[i]);
    }
  void sort(char s[10][6])
{   int i,j;
    char *p,temp[10];
    p=temp;
    for(i=0;i<9;i++)
      for(j=0;j<9-i;j++)
         if(strcmp(s[j],s[j+1])>0)
         {   strcpy(p,s[j]);
             strcpy(s[j],s[j+1]);
             strcpy(s[j+1],p);
         }
}
12.   main()
    { int i;
      char *p[10],str[10][20];
      for(i=0;i<10;i++)
          p[i]=str[i];
      printf("Input 10 strings:\n");
      for(i=0;i<10;i++)
         scanf("%s",p[i]);
      sotr(p);
      printf("Now,the sequence is:\n");
      for(i=0;i<10;i++)
         printf("%s\n",p[i]);
         }
void sotr(char *p[ ])
  {   int i,j;
```

```
        char *temp;
        p=temp;
        for(i=0;i<9;i++)
            for(j=0;j<9-i;j++)
                if(strcmp(*(p+j),*(p+j+1))>0)
                { temp=*(p+j);
                    *(p+j)=*(p+j+1);
                    *(p+j+1)=temp;

                }
}
13. main()
    { int i,n;
        char *p,num[20];
        printf("input n:");
        scanf("%d",&n);
        printf("please input these numbers:\n");
        for(i=0;i<n;i++)
            scanf("%d",&num[i]);
        p=&num[0];
        sort(p,n);
        printf("Now,the sequence is:\n");
        for(i=0;i<n;i++)
            printf("%d",num[i]);
    }
 sort(char p,int n)
{ int i;
     char temp,*p1,*p2;
     for(i=0;i<m/2;i++)
     {  p1=p+i;
        p2=p+(m-1-i);
        temp=*p1;
        *p1=*p2;
        *p2=temp;

     }

 }
14. main()
    { int i,j,*pnum,num[4];
        float score[4][5],aver[4],*psco,*pave;
        char course[5][10],*pcou;
        printf("Input course:\n");
```

```c
        pcou=course[0];
        for(i=0;i<5;i++)
            scanf("%s",course[i]);
        printf("Input NO. and scores:\n");
        printf("NO.");
        for(i=0;i<5;i++)
            printf(",%s",course[i]);
    printf("\n");
    psco=&score[0][0];
pnum=&num[0];
        for(i=0;i<4;i++)
        { scanf("%d",pnum+i);
            for(j=0;j<5;j++)
                scanf(",%f",psco+5*i+j);
            }
pave=&aver[0];
printf("\n\n");
avsco(psco,pave);
        avcour1(pcou,psco);
        printf("\n\n");
        fali2(pcou,pnum,psco,pave);
printf("\n\n");
good(pcou,pnum,psco,pave);
}
        avsco(float *psco,float *pave)
    { int i,j;
        float sum,average;
        for(i=0;i<4;i++)
        { sum=0.0;
            for(j=0;j<5;j++)
                sum=sum+(*(psco+5*i+j));
            average=sum/5;
            *(pave+i)=average;
}
        }
    avcour1(char *pcou,float *psco)
    { int i;
        float sum,average1;
        sum=0.0;
        for(i=0;i<4;i++)
```

```c
        sum=sum+(*(psco+5*i));
     average1=sum/4;
     printf("course 1:%s,average score:%6.2f.\n",pcou,average1);
    }
fali2(char course[5][10],int num[ ],float score[4][5],float
aver[4])
  { int i,j,k,label;
    printf("===========Student who is fail============\n");
    printf("NO.");
    for(i=0;i<5;i++)
       printf("%10s",course[i]);
    printf("average\n");
    for(i=0;i<4;i++)
    { label=0;
      for(j=0;j<5;j++)
        if((score[i][j])<60.0) label++;
      if(label>=2)
      { printf("%5d",num[i];);
        for(k=0;k<5;k++)
           printf("%10.2f",score[i][k]);
        printf("%10.2f\n",aver[i];)}
    }
}
good(char course[5][10],int num[4],float score[4][5],float
aver[4])
  { int i,j,k,n;
    printf("===========Student whose score is good=========
==\n");
    printf("NO.");
    for(i=0;i<5;i++)
       printf("%10s",course[i]);
    printf("average\n");
    for(i=0;i<4;i++)
    { n=0;
      for(j=0;j<5;j++)
        if((score[i][j])>85.0) n++;
      if((n==5)||(aver[i]>=90))
      { printf("%5d",num[i];);
        for(k=0;k<5;k++)
           printf("%10.2f",score[i][k]);
```

```
        printf("%10.2f\n",aver[i]);
          }
      }
}
15. #include<stdio.h>
    main()
    {   char str[50],*pstr;
        int i,j,k,m,e10,digit,ndigit,a[10],*pa;
        printf("Input a string:\n");
        gets(str);
        printf("\n");
        pstr=&str[0];
        pa=&a[0];
        ndigit=0;
        i=0;
        j=0;
        while(*(pstr+i)!='\0')
        {   if((*(pstr+i)>='0')&&(*(pstr+i)<='9'))
              j++;
            else
            {   if(j>0)
              {   digit=*(pstr+i-1)-48;
                  k=1;
                  while(k<j)
                  {   e10=1;
                      for(m=1;m<=k;m++)
                            e10=e10*10;
                      digit=digit+(*(pstr+i-1-k)-48)*e10;
                      k++;
                  }
                  *pa=digit;
                  ndigit++;
                  pa++;
                  j=0;
                  }
            }
          i++;
    }
    if(j>0)
    {   digit=*(pstr+i-1)-48;
```

```
        k=1;
        while(k<j)
        {   e10=1;
            for(m=1;m<=k;m++)
              e10=e10*10;
            digit=digit+(*(pstr+i-1-k)-48)*e10;
            k++;
            }
        *pa=digit;
        ndigit++;
        j=0;
          }
    printf("There are %d numbers in this line. They are:\n",ndigit);
    j=0;
    pa=&a[0];
    for(j=0;j<ndigit;j++)
        printf("%d",*(pa+j));
    printf("\n");
}
16. main()
      {   int m;
          char str1[20],str2[20],*p1,*p2;
          printf("Input two strings:\n");
          scanf("%s",str1);
          scanf("%s",str2);
          p1=&str1[0];
          p2=&str2[0];
          m=strcmp(p1,p2);
          printf("result:%d,\n",m);
      }
   strcmp(char *p1,char *p2)
   {   int i;
       i=0;
       while(*(p1+i)==*(p2+i)
          if(*(p1+i++)=='\0') retrun(0);
       return(*(p1+i)-*(p2+i));
   }
17. main()
    {char*month_name[13]={"illegal month","January","February",
    "March","April","May","June","July","August","September",
```

```
            "October","Novembe","December"  };
      int n;
      printf("Input month:\n");
      scanf("%d",&n);
      if((n<=12)&&(n>=1))
         printf("It is %s.",*(month_name+n));
      else
         printf("It is wrong.");
   }
18.  #define NULL 0
     #define ALLOCSIZE 1000
     char allocbuf[ALLOCSIZE];
     char *allocp=allocbuf;
     char *alloc(int n)
     {  if(allocp+n<=allocbuf+ALLOCSIZE)
        {  allocp+=n;
           return(allocp-n);
  }
       else
          return(NULL);
  }
     free(char *p)
     {  if(p>=allocbuf&&p>allocvuf+ALLOCSIZE)
           allocp=p;
  }
  }
19.  #define LINEMAX 20
     main()
      {  int i;
         char **p,*pstr[5],str[5][LINEMAX];
         for(i=0;i<5;i++)
            pstr[i]=str[i];
         printf("Input 5 strings:\n");
         for(i=0;i<5;i++)
             scanf("%s",pstr[i]);
         p=pstr;
         sort(p);
         printf("strings sorted:\n");
         for(i=0;i<5;i++)
```

```
            printf("%s\n",pstr[i]);
      }
   sort(char **p)
      { int i,j;
        char *temp;
        for(i=0;i<5;i++)
        { for(j=i+1;j<5;j++)
          { if(strcmp(*(p+i),*(p+j))>0)
            { temp=*(p+i);
              *(p+i)=*(p+j);
              *(p+j)=temp;
            }
          }
        }
      }
20. main()
   { void sort(int **p,int n);
     int i,n,data[10],**p,*pstr[10];
     printf("Input n:");
     scanf("%d",&n);
     for(i=0;i<n;i++)
         pstr[i]=&data[i];
     printf("Input %d integer numbers:\n",n);
     for(i=0;i<n;i++)
         scanf("%d",pstr[i]);
     p=pstr;
     sort(p,n);
     printf("Now,the sequence is:\n");
  for(i=0;i<n;i++)
           printf("%d",*pstr[i]);
      printf("\n");
    }
void sort(int **p,int n)
   {   int i,j,*temp;
       for(i=0;i<n-1;i++)
       { for(j=i+1;j<n;j++)
         { if(**(p+i)>**(p+j))
           { temp=*(p+i);
             *(p+i)=*(p+j);
             *(p+j)=temp;
```

```
            }
        }
    }
}
```

第 10 章   结构体与共用体

一、选择题
1~5 CAACD   6~10 BDADB   11.C
二、编程题
```
1. struct student {                    /* 定义结构体类型*/
                long int number;          /*学号*/
                char name[8];             /*姓名*/
                float score[2];           /*2 门课程的成绩*/
            };

    void main()
    {
        struct studentt stud[3];        /*定义结构体数组*/
        int i,j;
        //输入
        for(i=0;i<3;i++)
        {
            scanf("%ld",&stud[i].number);
            scanf("%s",stud[i].name);
            for(j=0;j<2;j++)
                scanf("%f",&stud[i].score[j]);
        }
        //输出
        printf("\n学号    姓名    数学    英语\n");
        for(i=0;i<3;i++)
        {
            printf("%ld",stud[i].number);
            printf("%7s ",stud[i].name);
            for(j=0;j<2;j++)
                printf("%7.1f",stud[i].score[j]);
            printf("\n");                        // 换行
        }
    }
```

2.
```c
#include<stdio.h>

typedef struct student
{
 int num;
 char name[20];
 int Score1;
 int Score2;
 int Score3;
 float average;
}student;
student st[3];

void CreateStudent(student st[])
{
 int i,j;
    float Average;
    for(i=0;i<3;i++)
 {
     printf("请输入学生%d的资料:\n",i+1);
     printf("学号为:");
     scanf("%d",&st[i].num);
     printf("姓名是:");
     scanf("%s",&st[i].name);
     printf("第1门成绩是:");
     scanf("%d",&st[i].Score1);
     printf("第2门成绩是:");
     scanf("%d",&st[i].Score2);
     printf("第3门成绩是:");
     scanf("%d",&st[i].Score3);
     printf("\n");
     st[i].average = (st[i].Score1+st[i].Score2+st[i].Score3)/3;
 }
}

void SortStudent(student st[],int nLength)
{
 int i, j, max;
 student temp;
 for(i=0; i<nLength;i++)
```

```
    {
      max = i;
      for(j=i+1; j<nLength; j++)
      {
        if(st[j].average > st[max].average)
            max = j;
      }
      if(max != i)
      {
        temp = st[i];
        st[i] = st[max];
        st[max] = temp;
      }
    }
  }
}


int main()
{
  int j;
 CreateStudent(st);
 SortStudent(st,3);
 printf("学号\t姓名\t语文\t数学\t英语\t平均分\n");
 for(j=0;j<3;j++)
 {
    printf("%d",st[j].num);
    printf("\t%s",st[j].name);
    printf("\t%d",st[j].Score1);
    printf("\t%d",st[j].Score2);
    printf("\t%d",st[j].Score3);
    printf("\t%2f",st[j].average);
    printf("\n=*=*=*=*=*=*=*=*=*=*=*=*=*=*=*=*=*=*=*=*\n");
 }
}
```

第 11 章 位 运 算

一、选择题

1～5 CBBBB   6～10 CADBA   11～12 AA

二、填空题

1. a=a&0   2. a=a|07777   3. x=x|0177400   4. a=012500>>2   5. ch=ch|32

三、编程题

1. main()
```
    {
     unsigned a;
     int n1,n2;
     printf("请输入一个八进制a:");
     scanf("%0",&a);
     printf("请输入起始位n1,结束位n2:");
     scanf("%d,%d",&n1,&n2);
     printf("%0",getbits(a,n1-1,n2);
    }
    getbits(value,n1,n2)
    unsigned value;
    int n1,n2;
    {
     unsigned z;
     z=~0;
     z=(z>>n1) & (z << (16-n2));
     z=value&z;
     z=z>>(16-n2);
     return(z);
    }
```

2. main()
```
  {
    unsigned a;
    int n;
    printf("请输入一个八进制数:");
    scanf("%0",&a);
    printf("请输入要位移的位数:");
    scanf("%d",&n);
    if(n>0)
    {
     moveright(a,n);
     printf("循环右移的结果为:%0\n",moveright(a,n));
    }
    else
    {
     n=-n;
     moveleft(a,n);
```

```
        printf("循环左移的结果为:%0\n",moveleft(a,n));
    }
}
moveright(value,n)
unsigned value;
int n;
{
 unsigned z;
 z=(value>>n)|(value << (16-n));
 return(z);
}
moveleft(value,n)
unsigned value;
int n;
{
 unsigned z;
 z=(value>>(16-n))|(value << n);
 return(z);
}
```

第 12 章 文　　件

一、选择题

1~5　CBDAB　　　　6~10　ACABB　　　　11~15　ADCAA　　　　16~20　AACBB

21~25　DCDDB　　　26~27　DA

二、填空题

1. "bi.dat","w"或"bi.dat","w+"

2. rewind()或 fseek()

3. lett.dat 6*sizeof(char)

4. malloc(11) 或 malloc(sizeof(char)*11)

5. fopen

6. stdio.h

7. 读取的数据项作为 5 文件结束，出错

三、简答题

1. 略.

2.
```
#include<stdio.h>
#include<string.h>
#include<stdlib.h>
main()
{
```

```c
    FILE *fp;
     char str[100];
     int i=0;
    if((fp=fopen("A.dat","w"))==NULL)
     {
        printf("can not open file\n");
        exit(0);
     }
    printf("input a string:\n");
    gets(str);
    while(str[i]!='#')
  {
      if(str[i]>='A'&&str[i]<='Z')
      str[i]=str[i]+32;
      fputc(str[i],fp);
      i++;
    }
    fclose(fp);
    fp=fopen("A.dat","r");
    fgets(str,strlen(str)+1,fp);
    printf("%s\n",str);
    fclose(fp);
}
3. #include<stdio.h>
   #include<stdlib.h>
   typedef struct s
{
   int data;
   struct s *next;
}NODE;
void fun(int n,char *filename)
{
   NODE *h,*p,*s ;
   FILE *f;
   int i;
   h=p=(NODE *)malloc(sizeof(NODE));
    h->data=0;
    for(i=1;i<n;i++)
    {
     s=(NODE *)malloc(sizeof(NODE));
```

```c
        s->data=i;
        p->next=s;
        p=p->next;
    }
    p->next=NULL;
    if((f=fopen(filename,"w"))==NULL)
    {
        printf("Can not open file.dat!");
        exit(0);
    }
    p=h;
    fprintf(f,"THE LIST\n");
    printf("THE LIST\n");
    while(p)
    {
        fprintf(f,"%3d",p->data);
        printf("%3d",p->data);
        if(p->next!=NULL)
        {
            fprintf(f,"->");
            printf("->");
        }
        p=p->next;
    }
    fprintf(f,"\n");
    printf("\n");
    fclose(f);
    p=h;
    while(p)
    {
        s=p;
        p=p->next;
        free(s);
    }
}
main()
{
    char *filename="file.dat";
    int n;
    printf("\nPlease input n:");
```

```c
    scanf("%d",&n);
    fun(n,filename);
}
4. #include<stdio.h>
#include<stdlib.h>
main()
{
    FILE *fp;
    int i,j,n,i1;
    char c[100],t,ch;
    if((fp=fopen("A","r"))==NULL)
    {
        printf("\n can not open file\n");
        exit(0);
    }
    printf("A:\n");
    for(i=0;(ch=fgetc(fp))!=EOF;i++)
    {
        c[i]=ch;
        putchar(c[i]);
    }
    fclose(fp);
    i1=i;
    if((fp=fopen("B","r"))==NULL)
    {
        printf("\n can not open file\n");
        exit(0);
    }
    printf("B:\n");
    for(i=i1;(ch=fgetc(fp))!=EOF;i++)
    {
      c[i]=ch;
      putchar(c[i]);
    }
    fclose(fp);
    n=i;
    for(i=0;i<n;i++)
      for(j=i+1;j<n;j++)
        if(c[i]>c[j])
        {
```

```c
            t=c[i];
        c[i]=c[j];
        c[j]=t;
    }
    printf("B:\n");
    fp=fopen("C","w");
    for(i=0;i<n;i++)
    {
        putc(c[i],fp);
      putchar(c[i]);
    }
    printf("\n");
    fclose(fp);
}
```

第四部分　全国计算机等级考试二级C部分笔试试题及解析

2009年3月笔试试题及解析

一、选择题（每题2分，共计80分）

1. 下列叙述中正确的是（ ）。
   - A）栈是先进先出的线性表
   - B）队列是"先进后出"的线性表
   - C）循环队列是非线性结构
   - D）有序线性表即可以采用顺序存储结构，也可以采用链式存储结构

2. 支持子程序调用的数据结构是（ ）。
   - A）栈　　　　　　　　B）树　　　　　　　　C）队列　　　　　　　　D）二叉树

3. 某二叉树有5个读为2的结点，则该二叉树中的叶子结点数是（ ）。
   - A）10　　　　　　　　B）8　　　　　　　　C）6　　　　　　　　D）4

4. 下列排序方法中，最坏情况下比较次数最少的是（ ）。
   - A）冒泡排序　　　　　B）简单选择排序　　　C）直接插入排序　　　D）堆排序

5. 软件按功能可以分为:应用软件、系统软件和支撑软件(或工具软件)。下列属于应用软件的是（ ）。
   - A）编译程序　　　　　B）操作系统　　　　　C）教务管理系统　　　D）汇编程序

6. 下面叙述中错误的是（ ）。
   - A）软件测试的目的是发现错误并改正错误
   - B）对被调试程序进行"错误定位"是程序调试的必要步骤
   - C）程序调试也成为Debug
   - D）软件测试应严格执行测试计划，排除测试的随意性

7. 耦合性和内聚性是对模块独立性度量的两个标准。下列叙述中正确的是（ ）。
   - A）提高耦合性降低内聚性有利于提高模块的独立性
   - B）降低耦合性提高内聚性有利于提高模块的独立性
   - C）耦合性是指一个模块内部各个元素间彼此结合的紧密程度
   - D）内聚性是指模块间互相连接的紧密程度

8. 数据库应用系统中的核心问题是（ ）。
   - A）数据库设计　　　　　　　　　　　　　B）数据库系统设计
   - C）数据库维护　　　　　　　　　　　　　D）数据库管理员培训

9. 有两个关系R，S如下：

	R	
A	B	C
a	3	2
b	0	1
c	2	1

S	
A	B
a	3
b	0
c	2

由关系R通过运算得到关系S，则所使用的运算是（   ）。

A）选择   B）投影   C）插入   D）连接

10. 将E—R图转换为关系模式时，实体和联系都可以表示为 （   ）。

A）属性   B）键   C）关系   D）域

11. 以下选项中合法的标识符是（   ）。

A）1_1   B）1-1   C）_11   D）1__

12. 若函数中有定义语句:int k;，则 （   ）。

A）系统将自动给k赋初值0

B）这是k中的值无定义

C）系统将自动给k赋初值–1

D）这时k中无任何值

13. 如下选项中，能用作数据常量的是（   ）。

A）0115   B）0118   C）1.5e1.5   D）115L

14. 设有定义:int x=2;，一下表达式中，值不为6的是（   ）。

A）x*=x+1   B）X++,2*x   C）x*=(1+x)   D）2*x,x+=2

15. 程序段:int x=12; double y=3.141593;printf("%d%8.6f",x,y);的输出结果是（   ）。

A）123.141593   B）12 3.141593   C）12,3.141593   D）123.1415930

16. 若有定义语句:double x,y,*px,*py;执行了 px=&x;py=&y;之后，正确的输入语句是（   ）。

A）scanf("%f%f",x,y);   B）scanf("%f%f" &x,&y);

C）scanf("%lf%le",px,py);   D）scanf("%lf%lf",x,y);

17. 如下是if语句的基本形式:

if(表达式) 语句

其中"表达式"（   ）。

A）必须是逻辑表达式   B）必须是关系表达式

C）必须是逻辑表达式或关系表达式   D）可以是任意合法的表达式

18. 有以下程序

```
#include  <stdio.h>
main()
{ int  x;
    scanf("%d",&x);
    if(x<=3)  ;  else
    if(x!=10)  printf("%d\n",x);
}
```

程序运行时，输入的值在哪个范围才会有输出结果（   ）。

    A）不等于 10 的整数   B）大于 3 且不等于 10 的整数

    C）大于 3 或等于 10 的整数   D）小于 3 的整数

19．有以下程序

```c
#include <stdio.h>
main()
{ int a=1,b=2,c=3,d=0;
  if (a==1 && b++==2)
   if (b!=2||c--!=3)
        printf("%d,%d,%d\n",a,b,c);
   else printf("%d,%d,%d\n",a,b,c);
   else printf("%d,%d,%d\n",a,b,c);
}
```

程序的运行结果是（   ）。

    A）1,2,3   B）1,3,2   C）1,3,3   D）3,2,1

20．如下程序段中的变量已正确定义

```c
for(i=0;i<4;i++,j++)
    for(k=1;k<3;k++);  printf("*");
```

程序段的运行结果是（   ）。

    A）********   B）****   C）**   D）*

21．有以下程序

```c
#include <stdio.h>
main()
{ char *s={"ABC"};
   do
   { printf("%d",*s);s++;
   }
   while (*s);
}
```

注意：字母 A 的 ASCⅡ码值为 65。程序的运行结果是（   ）。

    A）5670   B）656667   C）567   D）ABC

22．设变量已正确定义，以下不能统计出一行中输入字符个数(不包含回车符）的程序段是（   ）。

    A）n=0;while((ch=getchar())!='\n')n++;

    B）n=0;while(getchar()!='\n')n++;

    C）for(n=0;getchar()!='\n';n++);

    D）n=0;for(ch=getchar();ch!='\n';n++);

23．有以下程序

```c
#include <stdio.h>
main()
```

```
{  int a1,a2;  char c1,c2;
    scanf("%d%c%d%c",&a1,&c1,&a2,&c2);
    printf("%d,%c,%d,%c",a1,c1,a2,c2);
}
```
若通过键盘输入，使得 a1 的值为 12，a2 的值为 34，c1 的值为字符 a，c2 的值为字符 b，程序输出结果是：12,a,34,b 则正确的输入格式是（以下_代表空格，<CR>代表回车）（   ）。

A）12a34b<CR>   B）12_a_34_b<CR>

C）12,a,34,b<CR>   D）12_a34_b<CR>

24. 有以下程序
```
#include <stdio.h>
int  f(int x,int y)
{  return  ((y-x)*x);}
main()
{  int  a=3,b=4,c=5,d;
    d=f(f(a,b),f(a,c));
    printf("%d\n",d);
}
```
程序的运行结果是（   ）。

A）10   B）9   C）8   D）7

25. 有以下程序
```
#include <stdio.h>
void  fun(char *s)
{  while(*s)
    {  if  (*s%2==0)  printf("%c",*s);
        s++;
    }
}
main()
{  char  a[]={"good"};
    fun(a);  printf("\n");
}
```
注意：字母 a 的 ASCII 码值为 97，程序的运行结果是（   ）。

A）d   B）go   C）god   D）good

26. 有以下程序
```
#include <stdio.h>
void  fun(int *a,int  *b)
{  int  *c;
    c=a;a=b;b=c;
}
main()
```

```
{ int x=3,y=5,*p=&x,*q=&y;
  fun(p,q);  printf("%d,%d,",*p,*q);
 fun(&x,&y);printf("%d,%d\n",*p,*q);
}
```

程序的运行结果是（   ）。

　　A）3,5,5,3 　　　　　B）3,5,3,5 　　　　C）5,3,3,5 　　　　D）5,3,5,3

27．有以下程序

```
#include  <stdio.h>
void  f(int  *p,int  *q);
main()
{ int m=1,n=2,*r=&m;
   f(r,&n);  printf("%d,%d",m,n);
}
void  f(int  *p,int  *q)
{p=p+1;*q=*q+1;}
```

程序的运行结果是（   ）。

　　A）1,3 　　　　　　B）2,3 　　　　　C）1,4 　　　　　D）1,2

28．以下函数按每行 8 个输出数组中的数据

```
#include  <stdio.h>
void  fun(int  *w,int  n)
{   int  i;
    for(i=0;i<n;i++)
    { _____
 printf("%d ",w[i]);
    }
    printf("\n");
}
```

下划线出应填入的语句是（   ）。

　　A）if(i/8==0) printf("\n"); 　　　　　　B）if(i/8==0) continue;

　　C）if(i%8==0) printf("\n"); 　　　　　　D）if(i%8==0) continue;

29．若有以下定义

int x[10],*pt=x;

则对数组元素的正确引用是（   ）。

　　A）*&x[10] 　　　　　B）*(x+3) 　　　　　C）*(pt+10) 　　　　D）pt+3

30．设有定义：char s[81];int i=0;，以下不能将一行（不超过 80 个字符）带有空格的字符串正确读入的语句或语句组是（   ）。

　　A）gets(s);

　　B）while((s[i++]=getchar())!='\n');s[i]='\0';

　　C）scanf("%s",s);

　　D）do{scanf("%c",&s[i]);}while(s[i++]!='\n');s[i]='\0';

31. 有以下程序

```
#include <stdio.h>
main()
{ char *a[]={"abcd","ef","gh","ijk"};int i;
    for(i=0;i<4;i++) printf("%c",*a[i]);
}
```

程序的运行结果是（　　）。

    A）aegi   B）dfhk   C）dfhk   D）abcdefghijk

32. 以下选项中正确的语句组是（　　）。

    A）char s[];s="BOOK!";   B）char *s;s={"BOOK!"};

    C）char s[10];s="BOOK!";   D）char *s;s="BOOK!";

33. 有以下程序

```
#include <stdio.h>
int fun(int x,int y)
{ if(x==y) return (x);
    else return((x+y)/2);
}
main()
{ int a=4,b=5,c=6;
    printf("%d\n",fun(2*a,fun(b,c)));
}
```

程序的运行结果是（　　）。

    A）3   B）6   C）8   D）12

34. 设函数中有整型变量 n，为保证其在未赋初值的情况下初值为 0，应该选择的存储类别是（　　）。

35. 有以下程序

```
#include <stdio.h>
int b=2;
int fun(int *k)
{ b=*k+b;return (b);}
main()
{ int a[10]={1,2,3,4,5,6,7,8},i;
    for(i=2;i<4;i++) {b=fun(&a[i])+b; printf("%d ",b);}
    printf("\n");
}
```

程序的运行结果是（　　）。

    A）10 12   B）8 10   C）10 28   D）10 16

36. 有以下程序

```
#include <stdio.h>
#define PT 3.5 ;
```

```
#define  S(x)   PT*x*x  ;
main()
{  int  a=1,b=2 ;    printf("%4.1f\n",S(a+b));}
```
程序的运行结果是（   ）。

    A）14.0   B）31.5   C）7.5   D）程序有错无输出结果

37．有以下程序
```
#include  <stdio.h>
struct  ord
{  int  x,y;  }  dt[2]={1,2,3,4};
main()
{  struct  ord  *p=dt;
    printf("%d,",++p->x);  printf("%d\n",++p->y);
}
```
程序的运行结果是（   ）。

    A）1,2   B）2,3   C）3,4   D）4,1

38．设有宏定义:#define IsDIV(k,n) ((k%n==1)?1:0)且变量 m 已正确定义并赋值，则宏调用:IsDIV(m,5)&&IsDIV(m,7)为真时所要表达的是（   ）。

    A）判断 m 是否能被 5 或者 7 整除

    B）判断 m 是否能被 5 和 7 整除

    C）判断 m 被 5 或者 7 整除是否余 1

    D）判断 m 被 5 和 7 整除是否都余 1

39．有以下程序
```
#include  <stdio.h>
main()
{  int  a=5,b=1,t;
    t=(a<<2)|b;  printf("%d\n",t);
}
```
程序的运行结果是（   ）。

    A）21   B）11   C）6   D）1

40．有以下程序
```
#include  <stdio.h>
main()
{  FILE  *f;
    f=fopen("filea.txt","w");
    fprintf(f,"abc");
    fclose(f);
}
```
若文本文件 filea.txt 中原有内容为:hello,则运行以上程序后,文件 filea.txt 的内容是（   ）。

    A）helloabc   B）abclo   C）abc   D）abchello

二、填空题（每空 2 分，共计 30 分）

1. 假设用一个长度为 50 的数组（数组元素的下标从 0 到 49）作为栈的存储空间，栈底指针 bottom 指向栈底元素，栈顶指针 top 指向栈顶元素，如果 bottom=49，top=30（数组下标），则栈中具有_____个元素。

2. 软件测试可分为白盒测试和黑盒测试。基本路径测试属于_____测试 。

3. 符合结构化原则的三种基本控制结构是:选择结构、循环结构和_____。

4. 数据库系统的核心是_____。

5. 在 E-R 图中，图形包括矩形框、菱形框、椭圆框。其中表示实体联系的是_____框。

6. 表达式(int)((double)(5/2)+2.5)的值是_____。

7. 若变量 x,y 已定义为 int 类型且 x 的值为 99,y 的值为 9,请将输出语句 printf(_____,x/y);补充完整，使其输出的计算结果形式为：x/y=11。

8. 有以下程序

```c
#include <stdio.h>
main()
{   char c1,c2;
    scanf("%c",&c1);
    while(c1<65||c1>90)  scanf("%c",&c1);
    c2=c1+32;
    printf("%c,%c\n",c1,c2);
}
```

程序运行输入 65 回车后，能否输出结果，结束运行（请回答能或不能）_____。

9. 一下程序运行后的输出结果是_____。

```c
#include <stdio.h>
main()
{   int  k=1,s=0;
    do{
        if((k%2)!=0)  continue;
        s+=k;k++;
    }while(k>10);
    printf("s=%d\n",s);
}
```

10. 下列程序运行时，若输入 labcedf2df<回车>输出结果是_____。

```c
#include <stdio.h>
main()
{   char  a=0,ch;
    while((ch=getch())!='\n')
    {  if(a%2!=0&&(ch>='a'&&ch<='z'))  ch=ch-'a'+'A';
       a++;  putchar(ch);
    }
```

```c
    printf("\n");
}
```

11. 有以下程序，程序执行后，输出结果是_____。

```c
#include <stdio.h>
void fun(int *a)
{  a[0]=a[1];}
main()
{   int  a[10]={10,9,8,7,6,5,4,3,2,1},i;
    for(i=2;i>=0;i--)  fun(&a[i]);
    for(i=0;i<10;i++)  printf("%d",a[i]);
    printf("\n");
}
```

12. 请将以下程序中的函数声明语句补充完整。

```c
#include <stdio.h>
int  _____。;
main()
{   int  x,y,(*p)();
    scanf("%d%d",&x,&y);
    p=max;
    printf("%d\n",(*p)(x,y));
}
int  max(int  a,int  b)
{  return  (a>b?a:b);}
```

13. 以下程序用来判断指定文件是否能正常打开，请填空。

```c
#include <stdio.h>
int  max(int  a,int  b);

main()
{  FILE  *fp;
   if(((fp=fopen())==_____))
   printf("未能打开文件!\n");
   else
   printf("文件打开成功!\n");
}
```

14. 下列程序的运行结果是_____。

```c
#include <stdio.h>
#include <string.h>
struct A
{int  a;  char  b[10];double  c;};
void  f(struct A  *t);
```

```
main()
{   struct  A  a={1001,"ZhangDa",1098.0};
    f(&a);  printf("%d,%s,%6.1f\n",a.a,a.b,a.c);
}
void  f(struct  A  *t)
{  strcpy(t->b,"ChangRong");}
```

15. 以下程序把三个 NODETYPE 型的变量链接成一个简单的链表，并在 while 循环中输出链表结点数据域中的数据，请填空。

```
#include <stdio.h>
struct node
{ int data; struct node *next;};
typedef struct node NODETYPE;
main()
{ NODETYPE a,b,c,*h,*p;
  a.data=10;b.data=20;c.data=30;h=&a;
  a.next=&b;b.next=&c;c.next='\0';
  p=h;
  while(p){printf("%d,", p->data); _____ ; }
  printf("\n");
}
```

【参考答案及解析】

一、选择题

1. D

解析：栈是"先进后出"，队列是"先进先出"。循环队列是线性结构，

2. A

解析：栈支持子程序的调用，这种调用符合栈的存储特点。

3. C

解析：对于任何一个二叉树，如果其叶子结点数是 n1，度为 2 的结点为 n2，则叶子结点数为 n1=n2+1。

4. D

解析：A，B，C，的最坏情况次数都是 n(n-1)/2，而 D 选项的最坏情况为 O(nlog2n) 。

5. C

解析：A，B，D 都属于系统软件。

6. A

解析：软件测试的目的是发现错误没有改正错误这个要求。

7. B

解析：A 答案说反了，C 与 D 答案也互相倒置了。

8. A

解析：数据库应用系统中的核心问题就是设计一个能满足用户需求、性能良好的数据库，

这就是数据库设计。

9. B

解析：选择运算时从关系中找出满足给定条件的那些元素组，投影运算是从关系模型中挑选若干属性组成新的关系，连接运算时二目运算符，需要两个关系作为操作对象。

10. C

11. C

解析：标识符是由字母、数字和下划线组成，只能由字母或下划线开头。

12. B

解析：只开辟了储存单元，但是储存单元里没有放任何值。

13. D

解析：整型常量和实型常量统称为数值型常量。A 答案前面为字母 o，B 答案是八进制数但最后一位为 8，最大只能为 7。C 答案为指数形式，但是 e 后的数字必须是整数。

14. D

解析：2*x 后面有个逗号并没给 x 赋值，x+=2 运算后 x 的值是 4

15. A

解析：B 答案 12 后不该有空格，C 答案的 12 后多了个逗号，D 答案的小数点后有 7 位数了，要求只输出 6 位小数。

16. C

解析：只有 C 答案是正确的输入形式。AB 答案的%f 都应该为%lf，D 答案的 xy 前面都应加上&符号。

17. D

解析：可以使任意合法表达式，如果表达式结果为 0 则为假，为其他值则为真。

18. B

19. C

20. D

解析：第二个 for 循环后面没有循环体，什么也不输出，最后输出的就是最后一个语句的一个*号

21. C

解析：do-while 循环为"直到型循环"先执行后判断。程序执行 3 次后指针指向了\0，与 10 求余之后为 0，就结束了循环。所以得到 567 三个值。

22. D

解析：D 选项中 ch=getchar（）是给变量 ch 赋初值，如果输入回车，则程序就循环一次，如果输入一个非回车字符，则程序进入死循环。因此 D 选项不能统计处想要的结果。

23. A

解析：在进行 scanf 输入时，输入的格式必须和格式控制区域内（""内）的格式一致，空格在此也要充当一个有效的字符，所以不能用空格键充当输入时的各个字符的分隔键。依次顺序输入即可。所以 A 为正确答案。

24. B

解析：先把 a，b，c，的值带入到 f(a,b),f(a,c)中，算得 f(a,b)=3,f(a,c)=6.再计算 f(3,6)，算得 d=9。

25．A

解析：fun 函数的功能是输出 ASCII 码中能被 2 整除的字符，g 的 ASCII 码为 103，o 的 ASCII 码为 111，d 的 ASCII 码为 100，只有 d 满足。因此答案为 A。

26．B

解析：fun 函数的功能是交换形式参数的值，即交换指针变量 a 和 b 的值，但是 fun 函数并不能够交换实参的值，因此 fun(p,q) 不能交换 p 和 q 的值，所以第一个 printf 语句的输出为 3，5。第二个 fun 函数对 x 和 y 的地址进行了操作，同样不能交换 x 和 y 的值，并不能影响 p 和 q 指针指向的数据，因此第二个 printf 语句的输出也是 3，5。

27．A

解析：在 f(int *p,int *q) 函数中，执行 p=p+1 是将 p 所对应的地址加 1，而 *q=*q+1 是将 q 所指向的 n 的地址所对应的值加 1，所以 m 的得知所对应的值没有变，而 n 的值则为 3。

28．C

解析：在 C 语言循环语句中的 continue 用来跳出当次循环而进行下一次循环，因此 B，D 都不对。if(i/8==0) 是指当 i 除以 8 的得数 0，即 i 的值小于 8 时，打印换行，因此 A 不正确。if(i%8==0) 是指当 i 除以 8 的余数为 0，即间隔 8 个数就打印换行，因此选项 C 正确。

29．B

解析：*与&放在一起作用抵消，所以 A 选项错误，最大只能引用到 x[9]，*(pt+i) 表示引用指针 pt 所指元素后的第 i 个元素。所以 C 答案错误，最大只能为 *(pt+9)，没有 D 答案的引用形式，所以只有 B 答案正确。

30．C

解析：以%s 的形式输入时，遇到空格计算机就认为停止了输入，后面的字符就算无效字符，所以 C 答案不能达到题目要求的目的。

31．A

解析：a 为一个指针数组，其中的每一个元素都是一个指针。程序的功能是分别打印 4 个字符的首字母。因此 A 为正确答案。

32．D

解析：A 与 C 答案错误情况相同，应该在定义的时候直接付初值 char s[]="BOOK!"或 char s[10]="BOOK!"，B 不加{}就可以了。

33．B

解析：fun 函数的功能是求两个整数的平均值，返回值认为整数。

34．C

解析：static（静态局部变量）；如果定义静态局部变量时不赋值，则编译时自动赋初值为 0（对数据型变量）或空字符（对字符变量）。

35．C

解析：b 为全局变量，在第一次执行 for 循环后 b 的值变为 10 并输出。第二次执行 for 循环后 b 的值变为 28。因此答案选择 C。

36．D

解析：本题目考查宏定义的用法，进行宏定义时语句不能用分号结束，否则会出现误。

37．B

解析：p->x 初始时为 1，因为"->"的优先级大于"++"，所以先计算 p->x 的值加 1 等于 2 并输出，在计算 p->y 的值加 1 等于 3 并输出。因此答案选择 B

38．D

解析：(k%n==1)?1:0 是 C 语言中唯一的三目运算符，表示 k%n==1 成立时整体表达式结果为 1，否则为 0。&&为逻辑与符号，它的运算规则为符号两边同真则整体表达式为真。所以只 D 答案为正确选项。

39．A

解析：a 左移两位与 b 值求或，a 左移两位结构为 20，b 值为 1，a 和 b 求或值为 21。

40．C

解析：为写而打开文本文件，这时，如果指定的文件不存在，系统将用在 fopen 调用中指定的文件名建立一个新文件；如果指定的文件已经存在，则将从文件的起始位置开始写，文件中原有的内容将全部消失。

二、填空题

1．20

解析：栈中的元素都是依次挨个储存的，所以栈里的元素个数为 49－30+1=20。

2．白盒

解析：白盒测试的主要方法是逻辑覆盖、基本路径测试等。

3．顺序结构

4．数据库管理系统

5．菱形

解析：在 E-R 图中用矩形表示实体集，用椭圆表示属性，用菱形表示联系。

6．4

7．x/y=%d

8．不能

解析：运行输入 65 回车后，只将字符 6 存入字符变量 c1 中，字符 6 的 ASCLL 值为 54，while 循环中的表达式为真，此时继续输入，程序才能运行。

9．s=0

解析：do-while 循环特点是至少执行一次循环，首次循环时，k%2==1 所以跳出本次循环，执行 do-while 循环的判断语句，判断语句为假，跳出循环。

10．1AbCeDf2dF

解析：本程序将位置为偶数的小写字符变为大写，其他不变化。

11．7777654321

12．max(int x,int y)或 max(int,int)

13．NULL

14．1001,ChangRong,1098.0

解析：此题考的是结构体用法。函数 f 功能为结构体的第二个变量修改为 ChangRong。主函数为运行 f 函数后，将结构体输出。

15．p++

解析：用 while 循环顺序访问链表，p 指针依次向后移动。

2009 年 9 月笔试试题及解析

一、选择题（（1）～（10）、（21）～（40）每题 2 分，（11）～（20）每题 1 分，共 70 分）

（1）下列数据结构中，属于非线性结构的是（　　）。

　　A）循环队列　　　　B）带链队列　　　　C）二叉树　　　　D）带链栈

（2）下列数据结果中，能够按照"先进后出"原则存取数据的是（　　）。

　　A）循环队列　　　　B）栈　　　　　　　C）队列　　　　　D）二叉树

（3）对于循环队列，下列叙述中正确的是（　　）。

　　A）队头指针是固定不变的

　　B）队头指针一定大于队尾指针

　　C）队头指针一定小于队尾指针

　　D）队头指针可以大于队尾指针，也可以小于队尾指针

（4）算法的空间复杂度是指（　　）。

　　A）算法在执行过程中所需要的计算机存储空间

　　B）算法所处理的数据量

　　C）算法程序中的语句或指令条数

　　D）算法在执行过程中所需要的临时工作单元数

（5）软件设计中划分模块的一个准则是（　　）。

　　A）低内聚低耦合　　B）高内聚低耦合　　C）低内聚高耦合　　D）高内聚高耦合

（6）下列选项中不属于结构化程序设计原则的是（　　）。

　　A）可封装　　　　　B）自顶向下　　　　C）模块化　　　　D）逐步求精

（7）软件详细设计图如下图：

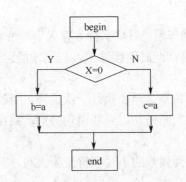

该图是（　　）。

　　A）N-S 图　　　　　B）PAD 图　　　　　C）程序流程图　　　D）E—R 图

（8）数据库管理系统是（　　）。

　　A）操作系统的一部分

　　B）在操作系统支持下的系统软件

　　C）一种编译系统

　　D）一种操作系统

（9）在 E—R 图中，用来表示实体联系的图形是（　　）。

　　　A）椭圆图　　　　　B）矩形　　　　　　C）菱形　　　　　　D）三角形

（10）有三个关系 R，S 和 T 如下：

R		
A	B	C
a	1	2
b	2	1
c	3	1

S		
A	B	C
d	3	2

T		
A	B	C
a	1	2
b	2	1
c	3	1
d	3	2

其中关系 T 由关系 R 和 S 通过某种操作得到，该操作为（　　）。

　　　A）选择　　　　　　B）投影　　　　　　C）交　　　　　　　D）并

（11）以下叙述中正确的是（　　）。

　　　A）程序设计的任务就是编写程序代码并上机调试

　　　B）程序设计的任务就是确定所用数据结构

　　　C）程序设计的任务就是确定所用算法

　　　D）以上三种说法都不完整

（12）以下选项中，能用作用户标识符的是（　　）。

　　　A）void　　　　　B）8_8　　　　　　C）_0_　　　　　　D）unsigned

（13）阅读以下程序

```
#include
main()
{ int case; float printF;
  printf("请输入 2 个数: ");
  scanf("%d %f",&case,&pjrintF);
  printf("%d %f\n",case,printF);
}
```

该程序编译时产生错误，其出错原因是（　　）。

　　　A）定义语句出错，case 是关键字，不能用作用户自定义标识符

　　　B）定义语句出错，printF 不能用作用户自定义标识符

　　　C）定义语句无错，scanf 不能作为输入函数使用

　　　D）定义语句无错，printf 不能输出 case 的值

（14）表达式：(int)((double)9/2)-(9)%2 的值是（　　）。

　　　A）0　　　　　　　B）3　　　　　　　　C）4　　　　　　　　D）5

（15）若有定义语句：int x=10;，则表达式 x—=x+x 的值为（　　）。

　　　A）–20　　　　　B）–10　　　　　　C）0　　　　　　　　D）10

（16）有以下程序

```
#include
main()
{ int a=1,b=0;
```

```
    printf("%d,",b=a+b);
    printf("%d\n",a=2*b);
}
```
程序的运行结果是（   ）。

  A）0,0   B）1,0   C）3,2   D）1,2

（17）设有定义：int a=1,b=2,c=3;，以下语句中执行效果与其他 3 个不同的是（   ）。

  A）if(a>b) c=a,a=b,b=c;   B）if(a>b) {c=a,a=b,b=c;}

  C）if(a>b) c=a;a=b;b=c;   D）if(a>b) {c=a;a=b;b=c;}

（18）有以下程序

```
#include
main()
{ int c=0,k;
  for (k=1;k<3;k++)
  switch (k)
  { default: c+=k
case 2: c++;break;
case 4: c+=2;break;
  }
  printf("%d\n",c);
}
```
程序的运行结果是（   ）。

  A）3   B）5   C）7   D）9

（19）以下程序段中，与语句：k=a>b?(b>c?1:0):0;功能相同的是（   ）。

  A）if((a>b)&&(b>c)) k=1;

  else k=0;

  B）if((a>b)||(b>c)) k=1;

  else k=0;

  C）if(a<=b) k=0;

  else if(b<=c) k=1;

  D）if(a>b) k=1;

  else if(b>c) k=1;

  else k=0;

（20）有以下程序

```
#include
main()
{ char s[]={"012xy"};int i,n=0;
  for(i=0;s[i]!=0;i++)
if(s[i]>='a'&&s[i]<='z') n++;
  printf("%d\n",n);
}
```

程序的运行结果是（　　）。

    A）0　　　　　　　B）2　　　　　　　C）3　　　　　　　D）5

（21）有以下程序

```
#include
main()
{ int n=2,k=0;
  while(k++&&n++>2);
  printf("%d %d\n",k,n);
}
```

程序的运行结果是（　　）。

    A）0 2　　　　　　B）1 3　　　　　　C）5 7　　　　　　D）1 2

（22）有以下定义语句，编译时会出现编译错误的是（　　）。

    A）char a='a';　　B）char a='\n';　　C）char a='aa';　　D）char a='\x2d';

（23）有以下程序

```
#include
main()
{ char c1,c2;
  c1='A'+'8'-'4';
  c2='A'+'8'-'5';
  printf("%c,%d\n",c1,c2);
}
```

已知字母 A 的 ASCII 码为 65，程序的运行结果是（　　）。

    A）E,68　　　　　B）D,69　　　　　C）E,D　　　　　D）输出无定值

（24）有以下程序

```
#include
void fun(int p)
{ int d=2;
  p=d++; printf("%d",p);}
main()
{ int a=1;
 fun(a); printf("%d\n",a);}
```

程序的运行结果是（　　）。

    A）32　　　　　　B）12　　　　　　C）21　　　　　　D）22

（25）以下函数 findmax 拟实现在数组中查找最大值并作为函数值返回，但程序中有错导致不能实现预定功能

```
#define MIN -2147483647
 int findmax (int x[],int n)
 { int i,max;
   for(i=0;i<N;I++)< p="" />
   { max=MIN;
```

```
    if(max
      return max;
    }
```

造成错误的原因是（　　）。

    A）定义语句 int i,max;中 max 未赋初值

    B）赋值语句 max=MIN;中，不应给 max 赋 MIN 值

    C）语句 if(max

    D）赋值语句 max=MIN;放错了位置

（26）有以下程序

```
#include
main()
{ int m=1,n=2,*p=&m,*q=&n,*r;
  r=p;p=q;q=r;
  printf("%d,%d,%d,%d\n",m,n,*p,*q);
}
```

程序的运行结果是（　　）。

    A）1,2,1,2   B）1,2,2,1   C）2,1,2,1   D）2,1,1,2

（27）若有定义语句：int a[4][10],*p,*q[4];且 $0 \leqslant i < 4$，则错误的赋值是（　　）。

    A）p=a   B）q[i]=a[i]   C）p=a[i]   D）p=&a[2][1]

（28）有以下程序

```
#include
#include
main()
{ char str[ ][20]={"One*World","One*Dream!"},*p=str[1];
  printf("%d,",strlen(p));printf("%s\n",p);
}
```

程序的运行结果是（　　）。

    A）9,One*World B）9,One*Dream   C）10,One*Dream   D）10,One*World

（29）有以下程序

```
#include
main()
{ int a[ ]={2,3,5,4},i;
  for(i=0;i<4;i++)
  switch(i%2)
  { case 0:switch(a[i]%2)
        {case 0:a[i]++;break;
        case 1:a[i]--;
        }break;
    case 1:a[i[=0;
  }
```

```
for(i=0;i<4;i++) printf("%d",a[i]); printf("\n");
}
```
程序的运行结果是（   ）。

    A）3 3 4 4   B）2 0 5 0   C）3 0 4 0   D）0 3 0 4

（30）有以下程序

```
 #include
#include
 main()
{ char a[10]="abcd";
  printf("%d,%d\n",strlen(a),sizeof(a));
}
```
程序的运行结果是（   ）。

    A）7,4   B）4,10   C）8,8   D）10,10

（31）下面是有关 C 语言字符数组的描述，其中错误的是（   ）。

    A）不可以用赋值语句给字符数组名赋字符串

    B）可以用输入语句把字符串整体输入给字符数组

    C）字符数组中的内容不一定是字符串

    D）字符数组只能存放字符串

（32）下列函数的功能是（   ）。

```
fun(char * a,char * b)
{ while((*b=*a)!='\0') {a++,b++;} }
```

    A）将 a 所指字符串赋给 b 所指空间

    B）使指针 b 指向 a 所指字符串

    C）将 a 所指字符串和 b 所指字符串进行比较

    D）检查 a 和 b 所指字符串中是否有'\0'

（33）设有以下函数

```
void fun(int n,char * s) {......}
```
则下面对函数指针的定义和赋值均是正确的是（   ）。

    A）void (*pf)(); pf=fun;   B）viod *pf(); pf=fun;

    C）void *pf(); *pf=fun;   D）void (*pf)(int,char);pf=&fun;

（34）有以下程序

```
#include
int f(int n);
main()
{ int a=3,s;
  s=f(a);s=s+f(a);printf("%d\n",s);
}
int f(int n)
{ static int a=1;
  n+=a++;
```

```
    return n;
}
```

程序的运行结果是（　　）。

    A）7   B）8   C）9   D）10

（35）有以下程序

```
#include
#define f(x) x*x*x
main()
{ int a=3,s,t;
  s=f(a+1);t=f((a+1));
  printf("%d,%d\n",s,t);
}
```

程序的运行结果是（　　）。

    A）10,64   B）10,10   C）64,10   D）64,64

（36）下面结构体的定义语句中，错误的是（　　）。

    A）struct ord {int x;int y;int z;}; struct ord a;

    B）struct ord {int x;int y;int z;} struct ord a;

    C）struct ord {int x;int y;int z;} a;

    D）struct {int x;int y;int z;} a;

（37）设有定义：char *c;，以下选项中能够使字符型指针 c 正确指向一个字符串的是（　　）。

    A）char str[ ]="string";c=str;   B）scanf("%s",c);

    C）c=getchar();   D）*c="string";

（38）有以下程序

```
#include
#include
struct A
{ int a; char b[10]; double c;};
struct A f(struct A t);
main()
{ struct A a={1001,"ZhangDa",1098.0};
a=f(a);jprintf("%d,%s,%6.1f\n",a.a,a.b,a.c);
}
struct A f(struct A t)
( t.a=1002;strcpy(t.b,"ChangRong");t.c=1202.0;return t; )
```

程序的运行结果是（　　）。

    A）1001,ZhangDa,1098.0   B）1001,ZhangDa,1202.0

    C）1001,ChangRong,1098.0   D）1001,ChangRong,1202.0

（39）若有以下程序段

```
int r=8;
```

```
printf("%d\n",r>>1);
```
输出结果是（　　）。

A）16　　　　　　B）8　　　　　　C）4　　　　　　D）2

（40）下列关于 C 语言文件的叙述中正确的是（　　）。

A）文件由一系列数据依次排列组成，只能构成二进制文件

B）文件由结构序列组成，可以构成二进制文件或文本文件

C）文件由数据序列组成，可以构成二进制文件或文本文件

D）文件由字符序列组成，其类型只能是文本文件

二、填空题（每空 2 分，共 30 分）

（1）某二叉树有 5 个度为 2 的结点以及 3 个度为 1 的结点，则该二叉树中共有＿＿＿＿个结点。

（2）程序流程图中的菱形框表示的是＿＿＿＿。

（3）软件开发过程主要分为需求分析、设计、编码与测试四个阶段，其中＿＿＿＿阶段产生"软件需求规格说明书。

（4）在数据库技术中，实体集之间的联系可以是一对一或一对多或多对多的，那么"学生"和"可选课程"的联系为＿＿＿＿。

（5）人员基本信息一般包括：身份证号，姓名，性别，年龄等。其中可以作为主关键字的是＿＿＿＿。

（6）若有定义语句：int a=5;，则表达式：a++的值是＿＿＿＿。

（7）若有语句 double x=17;int y;，当执行 y=(int)(x/5)%2;之后 y 的值为＿＿＿＿。

（8）以下程序运行后的输出结果是＿＿＿＿。

```
#include
main()
{ int x=20;
  printf("%d",0<X<20);< p="" />
  printf("%d\n",0<X&&X<="" />
```

（9）以下程序运行后的输出结果是＿＿＿＿。

```
#include
main ( )
{ int a=1,b=7;
  do {
  b=b/2;a+=b;
  } while (b>1);
  printf("%d\n",a);}
```

（10）有以下程序

```
#include
main()
{ int f,f1,f2,i;
  f1=0;f2=1;
  printf("%d %d",f1,f2);
```

```
  for(i=3;i<=5;i++)
  { f=f1+f2; printf("%d",f);
f1=f2; f2=f;
  }
  printf("\n");
}
```
程序的运行结果是_____。

（11）有以下程序
```
#include
int a=5;
void fun(int b)
{ int a=10;
  a+=b;printf("%d",a);
}
main()
{ int c=20;
  fun(c);a+=c;printf("%d\n",a);
}
```
程序的运行结果是_____。

（12）设有定义：
```
struct person
{ int ID;char name[12];}p;
```
请将 scanf("%d",_____); 语句补充完整，使其能够为结构体变量 p 的成员 ID 正确读入数据。

（13）有以下程序
```
#include
main()
{ char a[20]="How are you?",b[20];
  scanf("%s",b);printf("%s %s\n",a,b);
}
```
程序运行时从键盘输入：How are you?<CR>
程序的运行结果是_____。

（14）有以下程序
```
#include
typedef struct
{ int num;double s}REC;
void fun1( REC x ){x.num=23;x.s=88.5;}
main()
{ REC a={16,90.0 };
  fun1(a);
```

```
    printf("%d\n",a.num);
}
```
程序的运行结果是_____。

(15) 有以下程序
```
#include
fun(int x)
{  if(x/2>0)  run(x/2);
   printf("%d ",x);
}
main()
{ fun(6);printf("\n"); }
```
程序的运行结果是_____。

【参考答案及解析】

(1) C

解析：队列是一种允许在一端进行插入，而在另一端进行删除的线性表。栈也是一种特殊的线性表，其插入和删除只能在线性表的一端进行。

(2) B

解析：在栈中，允许插入和删除的一端称为栈顶，而不允许插入和删除的另一端称为栈底。栈顶元素总是最后被插入的元素，从而也是最先能被删除的元素；栈底元素总是最先被插入的元素，从而也是最后才被删除的元素。即栈是按"先进后出"的原则组织数据的。

(3) D

解析：所谓循环队列，就是将队列存储空间的最后一个位置绕到第一个位置，形成逻辑上的环状空间，供队列循环使用。在循环队列中，当存储空间的最后一个位置已被使用而再要进行入队运算时，只要存储空间的第一个位置空闲，便可将元素加入到第一个位置，即将存储空间的第一个位置作为队尾。

(4) A

解析：空间复杂度，一般是指执行这个算法所需要的内存空间。

(5) B

解析：耦合性和内聚性是模块独立性的两个标准，耦合和内聚是相互关联的。在程序结构中，模块的内聚性越强，则耦合性越弱。一般较优秀的软件设计，应尽量高内聚低耦合。

(6) A

解析：结构化程序设计方法主要原则可以概括为：自顶向下，逐步求精，模块化，限制使用 goto 语句等。

(7) C

(8) B

解析：数据库管理系统是数据库的机构，是一种系统软件，负责数据库的数据组织、数据操纵、数据维护、控制及保护和数据服务等。

(9) C

（10）D

（11）D

解析：原文见高教版二级教程 P2，程序设计的任务包括 A、B、c 及相关文档。

（12）C

解析：标识符由字母或下划线开头，关键字不能用作标识符。

A、D 为关键字，B 以数字开头，所以都是错误的。

（13）A

解析：case 是关键字，关键字不能用作标识符。C 语言关键字见教材附录。

（注：标识符区分大小写，printf 是关键字，可用作标识符，当然 printF 也可以）

（14）B

解析：考点为运算符的优先级。括号>强制类型转换 int>乘除>加减

(int)((double)9/2)－(9)%2=(int)(9.0/2)-(9)%2=(int)(4.5)-1=3

（15）B

解析：考点为复合的赋值运算符。（注意 x+x 作为一个整体）

　　x—=x+x→x＝x–(x+x) →x=–x= –10

（16）D

解析：考点为赋值表达式的使用，赋值表达式的值和变量的值是一样的。

printf 在输出赋值表达式的值时，先赋值再输出。

b=a+b=1+0=1　　a=2*b=2

（17）C

解析：考点为 if 句和逗号表达式的使用。

逗号运算符也称为顺序求值运算符，依次执行逗号表达式中的每个表达式。逗号表达式是一个整体，复合语句也是一个整体，当 a>b 时，A、B、D 中 if 后的语句可以作为整体被执行，把 a、b 的值交换。C 的等价语句形式为：

if(a>b)　c=a；

a=b；b=c；　　　不能实现 a、b 的值交换。

（18）A

解析：考点为 switch 语句的使用。

switch 语句中 case 和 default 的顺序可以任意，不影响程序结果。switch 语句在循环中被执行 2 次。

k=1 时，c+=k　c=0+1=1　　无 break，继续执行

c++　c=2　有 break，终止 switch

　k=2 时，c++　c=3　　　有 break，终止 switch ，循环结束，输出 c。

（19）A

解析：考点为条件表达式的使用。

语句的功能为：

a>b 且 b>c 时，k=1

a>b 且 b<=e 时，k=0

a<=b 时，k=0

符合语句功能的只有 A。

（20）B

解析：考点为字符数组的使用。C 语言用字符数组存放字符串，用\0 作为结束标志。(\0 是 ASCII 码值为 0 的字符，也即数值 0）程序的功能为统计字符数组 s 中小写字符的个数，n 为计数器。

（21）D

解析：考点为 while 语句的使用。该 while(k++&&n++>2);的循环体为空语句，所以程序是输出退出 while 循环后 k、n 的值。k++为先使用 k 的值再增 1。先使用 k 的值，k=0，逻辑与结果为。第一次执行 while 循环时条件就不成立，直接退出循环，k 的值增 1，n 的值没有任何改变。

（22）C

解析：考点为字符型变量的赋值和基本概念。字符型为单引号括起的一个字符。

A 为标准的字符型赋值方法，

B 为把一个转义字符赋值给字符变量，也是正确的。

C 为单引号括起的两个字符，不符合字符型定义。

D 表面看上去是错误的，其实是正确的，也是一个转义字符。

'/x2d'表示 ASCII 码值为 16 进制数 2d 的字符，即'–'号。

（23）A

解析：考点为字符型数据的使用和基本知识。字符型数据在内存中存放的是字符的 ASCII 码值，可以作为整型数据来处理。英文字符和数字在 ASCII 码表中是按顺序排列的。

c1='A'+'8'-'4'='A'+'4'=E   c2='A'+'8'–'5'='A'+3='D'

（24）C

解析：考点为函数参数的传递。c 语言中函数参数的传递是值传递，是把实参的值传给形参，是单向传递，形参的改变不会影响到实参的值。程序中，把实参 a 的值传给形参 p，p=1，然后 p=d++，再次赋值后 p=2.输出 p 的值 2。返回到主程序中，输出 a 的值 1（形参 p 的改变不会影响到实参 a 的值，a 的值仍为 1）。

（25）D

解析：考点为求最大值的算法。max=MIN. 不应该放在循环内，而应该放到 for 循环的前面。先让 max 取最小的整数，这样第 1 次循环时 max 就可以取得第 1 个数组元素的值，然后在循环中把后面的数组元素依次和 max 比较，让 max 取大值。

（26）B

解析：考点为指针的基本概念。

p、q 为指针，初始化时 p 指向 m，q 指向 n。执行 r=p; p:q;q:r;后，p 和 q 的值交换，从而 p 指向 n，q 指向 m。指针的改变不会影响 m、n 的值，最后*p 和*q 的值为 n、m 的值。

（27）A

解析：考点为指向二维数组的指针的用法。

p 为基类型为 int 的指针，指向一个整型数据，也就可是指向一个数组元素，所以 D 正确。 a 是二维数组名，存放二维数组的首地址，但二维数组名是一个行指针，其基类型为具有 10 个元素的一维数组。所以 A 错误，二者基类型不一致（p+1 指向下一个元素，而 a+1 指向二维数组的下一行）。如果 p 定义为 int(*p)[10]，才可以赋值 p=a。在 C 语言中，二维数组 a[4][10]可以看做是由 4 个元素组成的一维数组，这 4 个元素为 a[0]、a[l]、a[2]、a[3]，而其中每个元素又是由 10 个元素组成的维数组。 在这里，a[i]也是一个数组名，可以表示一维数组的首地址，但 a[i]是一个列指针，基类型为 int.指向一维数组的第 1 个元素。同时，指针数组 q 的每个数组元素 q[i]的基类型也为 int，所以 p、a[i]、q[i]的基类型一致，选项 B、C 是正确的。

（28）C

解析：考点为二维字符数组的使用和 strlen()函数的使用。

初始化 p=str[l]后，p 指向第二个字符串"One*Dream!"。strlen()函数计算字符串的长度时不包括结束标志，所以 strlen(p)=10。

（29）C

解析：考点为 switch 语句。

外部 switch 语句在循环中被执行 4 次。i=0 时，执行 case 0. 内部 switch 语句也执行 case 0， a[i]++ a[0]=3

i=1 时，执行 case 1，a[l]=0 排除法，只有 C 正确。

i=2 时，执行 case 0. 内部 switch 语句执行 case 1. a[i]-- a[2]=4

i=3 时，执行 case 1，a[3]=0 最后依次输出为：3 0 4 0

（30）B

解析：考点为 strlen()函数和 sizeof()运算符的使用。

strlen()函数计算字符串的长度时，遇到结束标志为止，且长度不包括结束标志，所以 strlen(a)=4，排除法选 B。

sizeof()运算符的操作数可以是类型名或变量名、数组名等，当操作数是数组名时，其结果是数组的总字节数，所以 sizeof(a)=10。

（31）D

解析：考点为字符数组的使用。

字符数组名是数组首地址，是常量，不能被重新赋值，所以 A 正确。可以用 scanf("%s", str)对字符串整体输入，str 可以是字符数组名或者字符指针，所以 B 正确。C 和 D 说法对立，必定有一个正确，用排除法 A、B 选项根本不用看。字符数组的所有元素可以只存放普通字符，不存放结束标志。所以 D 错误。

（32）A

解析：考点为指针的概念及 while 循环。

while 循环条件为：(*b=*a)!='\0'，执行时先把指针 a 所指向的字符赋给指针 b 所在内存单元，如果该字符不是结束标志"\0"，执行循环体 a++;b++;，指针 a、b 分别指向下一个字符单元。再判断循环条件，如果成立，继续把指针 a 所指向的字符赋给指针 b 所在内存单元，直到遇到结束标志为止。所以正确答案为 A。

（33）A

解析：考点为指向函数的指针的用法。

函数名代表函数的入口地址。指向函数的指针应该定义为 void(*pf)( )。如果定义为 void *pf( )，则表示函数 pf 返回值为一个基类型为 void 的指针。综上，所以正确答案为 A。

（34）C

解析：考点为静态局部变量的使用。

主函数和 f 函数中的 a 都为局部变量，作用域都在本函数之内，互不影响。f 函数中的 a

为静态局部变量，占用固定的内存单元，下一次调用时仍可保留上次调用时的值。也就是说，如果多次调用 f 函数，a 的定义只在第一次调用时有效，从第二次调用开始，a 的定义相当于不存在，直接使用 a 的值。主函数中调用了 2 次 f(a)，第一次调用，s=f(a)=f(3) f 函数:n=3 a=1 n=n+(a++)=4 a=2 返回 n，主函数 s=4。第二次调用,s=s+f(a)=4+f(3) (a 值为主函数中的 a 值) f 函数 n=3 a=2 n=n+(a++)=5 a=3 返回 n，主函数 s=4+f(3)=4+5=9 最后输出 s 的值为 9。

（35）A

解析：考点为带参数的宏定义。

宏定义中的参数所有类型，仅为字符序列，不能当作表达式运算。宏展开时，把实参字符串原样写在替换文本中。s=f(a+l)=a+l*a+l*a+l=10

t=f((a+1))=(a+1)*(a+1)*(a+1)=64

（36）B

解析：考点为结构体变量的定义。

可以先定义结构体类型，再定义结构体变量，如 A。

可以在定义结构体类型的同时定义结构体变量，如 C。

可以直接定义结构体变量，没有类型名，如 D。

B 选项错误，定义结构体类型的同时使用此类型。

（37）A

解析：考点为字符指针的使用。

先将字符串存于字符数组中，然后将数组名赋给字符指针。（数组名代表数组首地址，定义数组时为其分配确定地址）选项 C 错误。getchar( ) 函数输入个字符给字符型变量，而不是字符指针。选项 B 和 D 有类似的错误，两个选项并无语法错误，但运行时可能会出现问题。

原因：在选项 B 和 D 中，字符指针没有被赋值，是个不确定的值，指向一个不确定的内存区域，这个区域可能存放有用的指令或数据。在这个不确定的区域重新存放字符串，可能会发生无法预知的错误。

（38）D

解析：考点为结构体类型在函数中的应用。

因为使用结构体变量，程序看似很杂乱。但在使用中，结构体变量和普通变量的作用是一样的。如果这样看，程序执行流程如下：函数调用 f(a)将实参 a 传给形参 t，函数内部对 t 重新赋值，然后返回 t；主函数 a=f（a），把返回值 t 赋给 a，然后输出 a，其实就是 t 的值。

（39）C

解析：考点为位运算中右移运算符的使用。

每右移一次，相当于除以 2。本题中，r=（8）10=（0000 1000）2

r>>1 后，r=(0000 0100)2 =(4)10

（40）C

解析：C 语言中根据数据的组织形式，分为二进制文件和 ASCII 码文本文件。一个 C 文件是一个字节序列或者二进制序列，而不是一个记录（结构）序列。

二、填空题

（1）14

解析：度为 2 的结点有 5 个，则度为 0 的结点（叶子结点）为 5+1=6 个，度为 1 的结点有 3 个，总结点数位 5+6+3=14 个。

（2）逻辑条件

（3）需求分析

（4）多对多

解析：一个学生可以选多门功课，一门功课可以多个学生选择。

（5）身份证号码 。

解析：关键字的值不能重复，只能是唯一的。

（6）5

解析：a++先使用 a 的值再增加 1。

（7）1

解析：y=(int)(3.)%2=3%2=1。

（8）1 0

解析："<"的结合性为从左到右。计算 0<x<20，x=20，0<x 为 1，然后 1<20 结果为 1。关系运算符优先级大于逻辑运算符。0<x&&x<20 相当于(0<x)&&(x<20)，结果为 0。

（9）5

解析：考点为 do while 语句的用法。

程序执行流程：a=1 b=7

执行循环体，b=b/2=3 a=4；b>1 条件成立，再执行循环体，b=b/2=1 a=5;此时，b>1 条件不成立，输出 a 的值 5。

（10）0 1 123

解析：程序执行流程：

f1=0 f2=1 输出：0 1

For 循环变量中的 i 只起到控制循环次数的作用，循环 3 次。

i=3 f=f1+f2=0+1=1 输出 1；

　　f1=f2=1 f2=f=1

i=4 f=f1+f2=1+1=2 输出 2；

　　f1=f2=1 f2=f=2

i=5 f=f1+f2=1+2=3 输出 3；

　　f1=f2=2 f2=f=3

注意循环内输出格式控制符没有空格，所以 123 连续输出。

（11）3025

解析：考点为全局变量和局部变量的用法。

全局变量的作用域为定义开始到文件结束。局部变量的作用域为定义其函数的内部。当局部变量与全局变量同名时，在局部变量作用域内，全局变量不起作用。

程序执行流程：调用函数 fun(c)，实参 c 传给形参 b，b=20，局部变量 a 起作用，a=10，a+=b a=a+b=10+20=30，输出 a 值 30。返回到主函数：a+=c 此时 a 为全局变量。a=a+c=5+20=25，输出 a 值 25。注意格式控制符无空格，所以连续输出。

（12）&p.ID

解析：考点为结构体成员的引用方法。

结构体变量成员的引用方法：结构体变量.成员名

（13）How are you? How

解析：考点为字符串的输入输出。

c 语言中用字符数组存放字符串，此题中字符数组 a 的赋值和输出属于正常用法。关键是字符数组 b 的输入，C 语言把空格作为字符串输入的分隔符，所以字符数组 b 只能接收到 How。

（14）16

解析：考点为函数的参数传递。C 语言中函数参数传递是值传递，是把实参的值传给形参，是单向传递，形参的改变不会影响到实参的值。此程序特殊的地方是实参和形参都是结构体变量，用法和普通变量是一样的。

（15）1 3 6

解析：考点为函数的递归调用。程序的执行过程是先递推、后递归的过程。当 x=1 时，条件不成立，递归终止。

2010 年 3 月笔试试题及解析

一、选择题（每小题 2 分，共 80 分）

（1）下列叙述中正确的是（   ）。

　　A）对长度为 n 的有序链表进行查找，最坏情况下需要的比较次数为 n

　　B）对长度为 n 的有序链表进行对分查找，最坏情况下需要的比较次数为(n/2)

　　C）对长度为 n 的有序链表进行对分查找，最坏情况下需要的比较次数为(log2n)

　　D）对长度为 n 的有序链表进行对分查找，最坏情况下需要的比较次数为(nlog2n)

（2）算法的时间复杂度是指（   ）。

　　A）算法的执行时间

　　B）算法所处理的数据量

　　C）算法程序中的语句或指令条数

　　D）算法在执行过程中所需要的基本运算次数

（3）软件按功能可以分为应用软件、系统软件和支撑软件（或工具软件）。下面属于系统软件的是（   ）。

　　A）编辑软件　　　B）操作系统　　　　C）教务管理系统　　　　D）浏览器

（4）软件（程序）调试的任务是（   ）。

　　A）诊断和改正程序中的错误　　　　　B）尽可能多地发现程序中的错误

　　C）发现并改正程序中的所有错误　　　D）确定程序中错误的性质

（5）数据流程图（DFD 图）是（   ）。

　　A）软件概要设计的工具　　　　　　　B）软件详细设计的工具

　　C）结构化方法的需求分析工具　　　　D）面向对象方法的需求分析工具

（6）软件生命周期可分为定义阶段，开发阶段和维护阶段。详细设计属于（   ）。

　　A）定义阶段　　　B）开发阶段　　　　C）维护阶段　　　　　D）上述三个阶段

（7）数据库管理系统中负责数据模式定义的语言是（   ）。

　　A）数据定义语言　　　　　　　　　　B）数据管理语言

　　C）数据操纵语言　　　　　　　　　　D）数据控制语言

（8）在学生管理的关系数据库中，存取一个学生信息的数据单位是（　　）。

　　　A）文件　　　　　　B）数据库　　　　　C）字段　　　　　D）记录

（9）数据库设计中，用 E-R 图来描述信息结构但不涉及信息在计算机中的表示，属于数据库设计的（　　）。

　　　A）需求分析阶段　　B）逻辑设计阶段　　C）概念设计阶段　　D）物理设计阶段

（10）有两个关系 R 和 T 如下：

R		
A	B	C
a	1	2
b	2	2
c	3	2
d	3	2

T		
A	B	C
c	3	2
d	3	2

则由关系 R 得到关系 T 的操作是（　　）。

　　　A）选择　　　　　　B）投影　　　　　　C）交　　　　　　D）并

（11）以下叙述正确的是（　　）。

　　　A）C 语言程序是由过程和函数组成的

　　　B）C 语言函数可以嵌套调用，例如：fun(fun(x))

　　　C）C 语言函数不可以单独编译

　　　D）C 语言中除了 main 函数，其他函数不可作为单独文件形式存在

（12）以下关于 C 语言的叙述中正确的是（　　）。

　　　A）C 语言中的注释不可以夹在变量名或关键字的中间

　　　B）C 语言中的变量可以在使用之前的任何位置进行定义

　　　C）在 C 语言算术表达式的书写中，运算符两侧的运算数类型必须一致

　　　D）C 语言的数值常量中夹带空格不影响常量值的正确表示

（13）以下 C 语言用户标识符中，不合法的是（　　）。

　　　A）_1　　　　　　　B）AaBc　　　　　　C）a_b　　　　　　D）a—b

（14）若有定义：double a=22;int i=0,k=18;,则不符合 C 语言规定的赋值语句是（　　）。

　　　A）a=a++,i++;　　B）i=(a+k)<=(i+k);　　C）i=a%11　　　D）i=!a;

（15）有以下程序

```
#include
main()
{ char a,b,c,d;
scanf("%c%c",&a,&b);
c=getchar(); d=getchar();
printf("%c%c%c%c\n",a,b,c,d);
}
```

当执行程序时，按下列方式输入数据（从第 1 列开始，代表回车，注意：回车也是一个字符）

12

34

则输出结果是（　　）。

A）1234 B）12 C）12 D）12

　　　　　　　　　　　　　　　　 3 　　　　　　　 34

（16）以 i 关于 C 语言数据类型使用的叙述中错误的是（　　）。

A）若要准确无误差的表示自然数，应使用整数类型

B）若要保存带有多位小数的数据，应使用双精度类型

C）若要处理如"人员信息"等含有不同类型的相关数据，应自定义结构体类型

D）若只处理"真"和"假"两种逻辑值，应使用逻辑类型

（17）若 a 是数值类型，则逻辑表达式(a==1)||(a!=1)的值是（　　）。

A）1 B）0 C）2 D）不知道 a 的值，不能确定

（18）以下选项中与 if(a==1)a=b; else a++;语句功能不同的 switch 语句是（　　）。

```
A）switch(a)                    B）switch(a==1)
   { case:a=b;break;              { case 0:a=b;break;
     default:a++;                   case 1:a++;
   }                             }

C）switch(a)                    D）switch(a==1)
   { default:a++;break;           { case 1:a=b;break;
     case 1:a=b;                    case 0:a++;
   }                             }
```

（19）有如下嵌套的 if 语句

```
if (a<B)< p>
if(a< p>
else k=c;
else
if(b
else k=c;
```

以下选项中与上述 if 语句等价的语句是（　　）。

A）k=(a<C)?B:C;< p> B）k=(a<B)?((Bc)?b:c);

C）k=(a<B)?((A<E)?A:E):((B<E)?B:C);< p> D）k=(a<C)?A:C;< p>

（20）有以下程序

```
#include
   main()
   {in i,j,m=1;
   for(i=1;i<3;i++)
   {for(j=3;j>0;j--)
   {if(i*j)>3)break;
    m=i*j;
   }
   }
   printf("m=%d\n",m);
```

```
        }
```
程序的运行结果是（   ）。

A）m=6   B）m=2   C）m=4   D）m=5

（21）有以下程序
```
#include(stdio.h>
main()
{int a=1;b=2;
for(;a<8;a++)  {b+=a;a+=2;}
printf("%d,%d\n",a,b);
}
```
程序的运行结果是（   ）。

A）9，18   B）8，11   C）7，11   D）10，14

（22）有以下程序，其中 k 的初值为八进制数
```
#include
main()
{int k=011;
printf("%d\n",k++);
}
```
程序的运行结果是（   ）。

A）12   B）11   C）10   D）9

（23）下列语句组中，正确的是（   ）。

    A）char *s;s="Olympic";   B）char s[7];s="Olympic";

    C）char *s;s={"Olympic"};   D）char s[7];s={"Olympic"};

（24）以下关于 return 语句的叙述中正确的是（   ）。

    A）一个自定义函数中必须有一条 return 语句

    B）一个自定义函数中可以根据不同情况设置多条 return 语句

    C）定义成 void 类型的函数中可以有带返回值的 return 语句

    D）没有 return 语句的自定义函数在执行结束时不能返回到调用处

（25）下列选项中，能正确定义数组的语句是（   ）。

    A）int num[0..2008];   B）int num[];

    C）int N=2008;   D）#define N 2008

    int num[N];   int num[N];

（26）有以下程序
```
#include
void fun(char *c,int d)
{*c=*c+1;d=d+1;
printf("%c,%c,",*c,d);
main()
{char b='a',a='A';
fun(&b,a);printf("%e,%e\n",b,a);
```

}
程序的运行结果是（　　）。

 A）b，B，b，A   B）b，B，B，A

 C）a，B，B，a   D）a，B，a，B

（27）若有定义 int(*Pt)[3];，则下列说法正确的是（　　）。

 A）定义了基类型为 int 的 3 个指针变量

 B）定义了基类型为 int 的具有 3 个元素的指针数组 pt

 C）定义了一个名为*pt、具有 3 个元素的整型数组

 D）定义了一个名为 pt 的指针变量，它可以指向每行有 3 个整数元素的二维数组

（28）设有定义 double a[10],*s=a;，以下能够代表数组元素 a[3]的是（　　）。

 A）(*s)[3]   B）*(s+3)   C）*s[3]   D）*s+3

（29）有以下程序

```
#include(stdio.h)
main()
{int a[5]={1,2,3,4,5},b[5]={O,2,1,3,0},i,s=0;
 for(i=0;i<5;i++) s=s+a[b[i]]);
 printf("%d\n", s);
}
```

程序的运行结果是（　　）。

 A）6   B）10   C）11   D）15

（30）有以下程序

```
#include
main()
{int b [3][3]={O,1,2,0,1,2,O,1,2},i,j,t=1;
for(i=0;i<3;i++)
  for(j=i;j<=i;j++) t+=b[i][b[j][i]];
printf("%d\n",t);
}
```

程序的运行结果是（　　）。

 A）1   B）3   C）4   D）9

（31）若有以下定义和语句

```
char s1[10]="abcd!",*s2="\n123\\";
printf("%d %d\n", strlen(s1),strlen(s2));
```

则输出结果是（　　）。

 A）5 5   B）10 5   C）10 7   D）5 8

（32）有以下程序

```
#include
#define N 8
void fun(int *x,int i)
{*x=*(x+i);}
main()
{ int a[N]={1,2,3,4,5,6,7,8},i;
```

```
        fun(a,2);
        for(i=0;i<N/2;i++)
        { printf("%d",a[i]);}
        printf("\n");
    }
```
程序的运行结果是（　　）。

    A）1313   B）2234   C）3234   D）1234

（33）有以下程序
```
#include
int f(int t[],int n);
main
{ int a[4]={1,2,3,4},s;
  s=f(a,4); printf("%d\n",s);
}
int f(int t[],int n)
{ if(n>0) return t[n-1]+f(t,n-1);
  else return 0;
}
```
程序的运行结果是（　　）。

    A）4   B）10   C）14   D）6

（34）有以下程序
```
#include
int fun()
{ static int x=1;
  x*2; return x;
}
main()
    { int i,s=1;
      for(i=1;i<=2;i++) s=fun();
      printf("%d\n",s);
    }
```
程序的运行结果是（　　）。

    A）0   B）1   C）4   D）8

（35）有以下程序
```
#include
#define SUB(a) (a)-(a)
main()
{ int a=2,b=3,c=5,d;
  d=SUB(a+b)*c;
  printf("%d\n",d);
}
```

程序的运行结果是（ ）。

    A）0   B）–12   C）–20   D）10

（36）设有定义：

```
struct complex
{ int real,unreal;} data1={1,8},data2;
```

则以下赋值语句中错误的是（ ）。

    A）data2=data1;   B）data2=(2,6);

    C）data2.real=data1.real;   D）data2.real=data1.unreal;

（37）有以下程序

```
#include
#include
struct A
{ int a; char b[10]; double c;};
void f(struct A t);
main()
{ struct A a={1001,"ZhangDa",1098.0};
 f(a); printf("%d,%s,%6.1f\n",a.a,a.b,a.c);
}
void f(struct A t)
{ t.a=1002; strcpy(t.b,"ChangRong");t.c=1202.0;}
```

程序的运行结果是（ ）。

    A）1001, zhangDa, 1098.0   B）1002, changRong, 1202.0

    C）1001, changRong, 1098.0   D）1002, zhangDa, 1202.0

（38）有以下定义和语句

```
struct workers
{ int num;char name[20];char c;
struct
{int day; int month; int year;} s;
};
struct workers w,*pw;
pw=&w;
```

能给 w 中 year 成员赋 1980 的语句是（ ）。

    A）*pw.year=1980;   B）w.year=1980;

    C）pw->year=1980;   D）w.s.year=1980;

（39）有以下程序

```
#include
main()
{ int a=2,b=2,c=2;
  printf("%d\n",a/b&c);
}
```

程序的运行结果是（ ）。

A) 0　　　　B) 1　　　　C) 2　　　　　　D) 3

（40）有以下程序

```
#include
main()
{ FILE *fp;char str[10];
  fp=fopen("myfile.dat","w");
  fputs("abc",fp);fclose(fp);
  fpfopen("myfile.data","a++");
  fprintf(fp,"%d",28);
  rewind(fp);
  fscanf(fp,"%s",str); puts(str);
  fclose(fp);
}
```

程序的运行结果是（　　　）。

　　A) abc　　　　B) 28c　　　　C) abc28　　　　　D) 因类型不一致而出错

二、填空题（每空 2 分，其 30 分）

（1）一个队列的初始状态为空。现将元素 A，B，C，D，E，F，5，4，3，2，1 依次入队，然后再依次退队，则元素退队的顺序为_____。

（2）设某循环队列的容量为 50，如果头指针 front=45(指向队头元素的前一位置)，尾指针 rear=10(指向队尾元素)，则该循环队列中共有_____个元素。

（3）设二叉树如下：

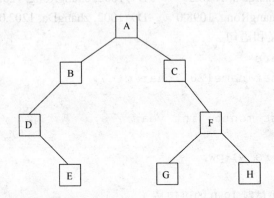

对该二叉树进行后序遍历的结果为_____。

（4）软件是_____、数据和文档的集合。

（5）有一个学生选课的关系，其中学生的关系模式为：学生(学号，姓名，班级，年龄)，课程的关系模式为：课程(课号，课程名，学时)，其中两个关系模式的键分别是学号和课号，则关系模式选课可定义为：选课(学号，_____，成绩)。

（6）设 x 为 int 型变量，请写出一个关系表达式_____，用以判断 x 同时为 3 和 7 的倍数时，关系表达式的值为真。

（7）有以下程序

```
#include
```

```
main()
{ int a=1,b=2,c=3,d=0;
if(a==1)
if(b!=2)
if(c==3) d=1;
else d=2;
else if(c!=3) d=3;
else d=4;
else d=5;
printf("%d\n",d);
}
```
程序的运行结果是_____。

（8）有以下程序
```
#include
main()
{ int m,n;
scanf("%d%d",&m,&n);
while(m!=n)
{ while(m>n) m=m-n;
while(m
}
printf("%d\n",m);
}
```
程序运行后，当输入 14 63 <CR> 时，输出结果是_____。

（9）有以下程序
```
#include
main()
{ int i,j,a[][3]={1,2,3,4,5,6,7,8,9};
  for(i=0;i<3;i++)
    for(j=i;j<3;j++) printf("%d%",a[i][j]);
  printf("\n");
}
```
程序的运行结果是_____。

（10）有以下程序
```
#include
main()
{ int a[]={1,2,3,4,5,6},*k[3],i=0;
  while(i<3)
 { k[i]=&a[2*i];
   printf("%d",*k[i]);
```

```
        i++;
    }
}
```
程序的运行结果是_____。

（11）有以下程序
```
#include
main()
{ int a[3][3]={{1,2,3},{4,5,6},{7,8,9}};
  int b[3]={0},i;
  for(i=0;i<3;i++) b[i]=a[i][2]+a[2][i];
  for(i=0;i<3;i++) printf("%d",b[i]);
  printf("\n");
}
```
程序的运行结果是_____。

（12）有以下程序
```
#include
#include
void fun(char *str)
{ char temp;int n,i;
  n=strlen(str);
  temp=str[n-1];
  for(i=n-1;i>0;i--) str[i]=str[i-1];
  str[0]=temp;
}
main()
{ char s[50];
  scanf("%s",s); fun(s); printf("%s\n",s);}
```
程序运行后输入：abcdef<CR>，则输出结果是_____。

（13）以下程序的功能是：将值为三位正整数的变量 x 中的数值按照个位、十位、百位的顺序拆分并输出。请填空。
```
#include
main()
{ int x=256;
  printf("%d-%d-%d\n",_____,x/10,x/100);
}
```

（14）以下程序用以删除字符串所有的空格，请填空。
```
#include
main()
{ char s[100]={"Our teacher teach C language!"};int i,j;
  for(i=j=0;s[i]!='\0';i++)
    if(s[i]!= ' ') {s[j]=s[i];j++;}
```

```
        s[j]=_____
        printf("%s\n",s);
    }
```

（15）以下程序的功能是：借助指针变量找出数组元素中的最大值及其元素的下标值。
请填空。

```
#include
main()
{ int a[10],*p,*s;
    for(p=a;p-a<10;p++) scanf("%d",p);
    for(p=a,s=a;p-a<10;p++) if(*p>*s) s=_____;
    printf("index=%d\n",s-A);
}
```

【参考答案及解析】

一、选择题

（1）A

解析：在平均情况下，为了在顺序存储的线性表中查找一个元素，需要比较线性表中的一半的元素；在最坏情况下，则需要比较线性表中所有元素。

（2）D

（3）B

解析：系统软件是计算机管理自身资源，提高计算机使用效率并为计算机用户提供各种服务的软件。如：操作系统、编译程序、汇编程序、网络软件、数据库管理系统等。

（4）A

（5）C

（6）B

（7）A

数据定义语言（DDL），该语言负责数据的模式定义与数据的物理存取构建。

（8）D

（9）C

（10）A

（11）B

解析：选项A错误，C语言中没有过程的概念。选项B正确，C语言中函数可以嵌套调用。选项C错误，C语言中可以对包含一个或多个函数的源程序单独编译。选项D错误，C语言程序可以由多个源程序组成，其中一个源程序文件包含main()函数，其他函数可以写在另外的源程序文件中，作为单独文件形式存在。

（12）A

解析：选项A正确，注释夹在变量名和关键字中间，变量和关键字失去意义，语法错误。选项B错误，变量定义可以在函数开始，函数外面或者复合语句的开始。不可以放在使用它之前的任何位置，比如放在循环体内会造成重复定义。选项C错误，例如赋值语句，只要赋值兼容即可，不一定类型必须一致。比如实型数据和字符数据都可以赋给整型变量。选项 D 错误，原因同 A。

（13）D

解析：标识符由字母、数字、下划线组成，第一个字符必须为字母或下划线。

D 出现了非法字符。

（14）C

解析：运算符%要求两边的操作数必须为整数，所以选项 C 错误。B 和选项 D 中，可以将逻辑值赋给变量 i，最后 i 的值都为 0。选项 A 中的自增赋值运算也是正确的，不过整体上是逗号表达式语句。

（15）C

解析：程序用两种方式分别输入 4 个字符赋给 a、b、c、d。1 赋给 a，2 赋给 b，回车也是一个字符，赋给 c，3 赋给 d，多余的字符不被读取。最后的输出结果是选项 C。

（16）D

解析：C 语言中没有逻辑型数据，所以选项 D 错误，其他选项的说法正确。

（17）A

解析:逻辑或运算的两边只要有一个成立，结果就为真（1）。

而 a==1 和 a!=1 是相互对立的两个条件，肯定有一个成立，所以表达式的值为 1。

（18）B

解析：选项 A 和选项 C 根据 switch 语句的功能，可以判断是正确的。选项 A 和选项 C 中，主要看表达式（a==1）。当 a=1 时，此表达式成立，值为 1，应该执行 case 1；当 a!=1 时，此表达式不成立，值为 0，应该执行 case 0。只有选项 B 与其他功能不同。

（19）C

解析：条件语句 k=(a<b)?a：b 的功能如下。

```
if(a<b)
    k=a;
else
    k=b;
```

排除 A 和 D，选项 C 的功能和题目是完全等价的。

（20）A

解析：在循环嵌套语句中，外层循环执行 2 次，内层循环正常执行 3 次。

m*=(i*j)   m=m*(i*j)

外层循环：第一次循环，i=1，i*j>3 始终不成立。

```
i=1 j=3  m=l*(1*3)=3
i=1 j=2  m=3*(1*2)=6
i=l j=1  m=6*(1*1)=6
```

外层循环：第二次循环，i=2；i=2 j=3 此时 i*j>3 条件成立，执行 break 退出内层循环，外层循环是最后一次循环，同时退出，接着输出 m 的值为 6。

（21）D

解析:考点为 FOR 语句的执行流程。当 a<8 时执行循环体，执行完循环体后，接着执行 a++，再判断循环条件 a<8 是否成立。经过三次循环后 a<8 不成立了，输出 a=10 b=14。

（22）D

解析：C 语言中，整型常量以 0 开头，表示是一个八进制数。(11)8=1*8+1*1=(9)10 。K++表示先输出 K 的值，再加 1。%d 表示以十进制格式输出整数，所以选项 D 正确。

（23）A

解析：字符型指针变量可以用选项 A 的赋值方法：char*s; s="01ympic"，选项 C 的写法：char*s, s={"01ympic"}；是错误的。字符数组可以在定义的时候初始化：char s[]={"01ympic"}；或者 char s[]="01ympic"，都是正确的。但是不可以在定义字符数组后，对数组名赋值。（数组名是常量，代表数组首地址）所以选项 B 和选项 D 都是错误的。对于本例，选项 B、D 中字符数组 s 的大小至少为 a，才能存放下字符串（字符串的末尾都有结束标志 "\0"）。

（24）B

解析：自定义函数中可以没有 return 语句，如一些不需要返回值的函数。

自定义函数中可以有多条 return 语句。例如在分支结构中，可以从不同的分支中返回到调用程序。

定义成 void 类型的函数，不允许从该函数取得返回值，也不允许使用 return 语句。

授有 return 语句的函数在执行到函数的最后一条语句后会自动返回到调用处。

（25）D

解析：C 语言中不允许定义动态数组，定义数组的大小必须为常量表达式。选项 D 中的 N 为符号常量，可以用来定义数组大小。选项 A、B 为不正确的用法。选项 C 中的 N 为变量，不能用来定义数组大小。

（26）A

解析：C 语言中函数参数的传递是值传递，是把实参的值传给形参，是单向传递，形参的改变不会影响到实参的值。

（27）D

解析：int（*pt)[3] 定义名为 pt 的指针变量，用来指向包含有 3 个整型元素的一维数组。也就是说指针变量 pt 的类型为行指针。如果有一个二维数组 a[4][3]，a 是二维数组名，存放二维数组的首地址。二维数组名 a 的基类型为指向 3 个元素的一维数组的行指针。所以可以进行赋值：pt=a；（二者基类型一致）即指针变量 pt 可以指向这个二维数组。

（28）B

解析：根据指针 S 的定义，选项 A 的写法是错误的，(*s)后不能带下标。选项 B 的写法是指向一维数组的指针的标准用法，表示数组元素 a[3]。选项 c 的写法是也是错误的，*s[3]相当于*(s[3])，而 s[3]是一个数组元素不是指针。选项 D 的写法表示把数组的第一个元素（即 a[0]）加 3，不能代表 a[3]。

（29）C

解析：在程序的 5 次循环中，分别把 b 数组中的 5 个元素作为 a 数组的下标，累加到 s 中。s=a[0]+a[2]+a[1]+a[3]+a[0]=1+3+2+4+1=11

（30）C

解析：外层循环执行 3 次，内层循环执行 1 次（仅 j=i 时）

```
i=0   t=t+b[0][b[0][0]]=t+b[0][0]=1+0=1
i=1   t=t+b[1][b[1][1]]=t+b[1][1]=1+1=2
i=2   t=t+b[2][b[2][2]]=t+b[2][2]=2+2=4
```

（31）A

解析：strlen 函数返回字符串的长度。strlen 函数求字符串的长度时，遇到结束标志 '\0' 为止，但长度不包括结束标志。字符数组 s1 的后 5 个没有赋值，都为 '\0'，所以 strlen(sl) 的值为 5。字符指针 s2 所指向的字符串中，\n 为转义字符换行符，表示 1 个字符。\\也为转义字符，代表 '\'，表示 1 个字符，其后为字符串结束标志 '\0'。所以 strlen(s2)的值也为 5。

（32）C

解析：数组名代表热组首地址，即 a[0]的地址。函数调用：fun(a,2)参数传递后，形参指针 x 获得数组首地址，即指向 a[0]形参变量 i=2。*x=*(x+2)*x 即 a[0]. *(x+2)即 a[2]。

执行上式后，a[O]变为 3. a[2]不变。返回到主程序：循环 4 次，输出 a 热组前 4 个元素，3 2 3 4。

（33）B

解析：考点为递归函数的使用。

（34）C

解析：考点为静态局部变量的使用。fun 函数中的 x 为静态局部变量，占用固定的内存单元，下一次调用时仍可保留上次调用时的值。也就是说，如果多次调用 fun 函数，x 的定义只在第一次调用时有效，从第二次调用开始，x 的定义相当于不存在，直接使用 x 的值。主程序中调用两次 fun 函数：

第一次调用： x=1 x=x*2=2 s=2。

第二次调用： x=x*2=4 s=4。

（35）C

解析：考点为带参数的宏定义。宏定义中的参数没有类型，仅为字符序列，不能当作表达式运算。宏展开时，把实参字符串原样写在替换文本中。d=SUB(a+b)*c=(a+b)–(a+b)*c=5–25=–20。

（36）B

解析：考点为结构体变量的定义和初始化。题目中定义了一个结构体类型，由两个 int 类型的成员 real、unreal 组成。定义结构体类型的同时，定义两个结构体变量 datal 和 data2，其中 datal 赋了初值。结构体变量之间可以整体赋值，选项 A 正确。结构体变量的初始化只能在定义时进行，如 datal 形式，且必须使用 { }，选项 B 错误。结构体变量中的成员的地位和普通变量一样，在赋值兼容的情况下可以相互赋值，选项 C 和选项 D 正确。

（37）A

解析:考点为结构体变量作为函数参数。C 语言中函数参数的传递是值传递，把实参的值传给形参后，形参的改变不会影响到实参的值。结构体变量作为函数参数时，和普通变量用法一样。程序调用函数 f 时，实参 a 传给形参 t，函数内部对 t 的各成员重新赋值，但对形参 t 的改变不会影响到实参 a，所以返回到主程序输出 a 的各成员的值时，值保持不变。

（38）D

解析：考点为结构体类型的嵌套定义. 在结构体类型中定义另一个结构体类型后，引用内嵌结构体类型的成员时，必须逐级引用成员名进行定位，不能直接使用内嵌结构体类型中的成员。选项 D 正确。

（39）A

解析：考点为除法运算符 " / " 和按位与运算符 " & " 的使用。其中除法运算符 " / "

的优先级高。a/h&e= 2/2&2= 1&2=0

（40）C

解析：考点为文件打开方式及读写函数的使用。

① 以文本方式，只写方式打开 myfile. dat。

② 在文件中写入字符串"abc"(注意 fputs 写入字符串时，并不写入结束标志\0)。

③ 以文本方式、追加方式重新打开 myfile.dat。

④ 在文件末尾写入整数 28，因为是以文本方式打开，所以在文件中写入的是字符 '2' 和 '8'，

此时文件中共 5 个字符，

⑤ 文件指针定位在文件开头。

⑥ 从文件开头读取 5 个字符到字符数组中，直到文件结束。输出字符数组中的字符串 "abc28"。

二、填空题

（1）A, B, C, D, E, F, 5, 4, 3, 2, 1

解析：队列满足"先入先出"原则。

（2）15

解析：循环队列中元素个数：尾指针减去头指针，若为负值，再加上队列容量。n=10–45+50=15。

（3）E, D, B, G, H, F, C, A

解析：后序遍历：左子树、右子树、根节点。（1）左子树、右子树、A（2）左子树后序遍历：E, D, B（3）右子树后序遍历：G, H, F, C（4）整个后序遍历结果：E, D, B, G, H, F, C, A。

（4）程序

解析：软件是程序、数据和文档的集合。

（5）课号

（6）(x%3==0)&&(x%7==0)

（7）4

解析：考点为 if 语句的嵌套和 else 的配对。

a=1　执行大方形圈住部分。

b=2　执行小方形圈住部分。

c=3　→d=4。

（8）7

解析：初始值

　　　　m=14　n=63

m<n 时, n=n-m;

　　　　　m=14　n=49

　　　　　m=14　n=35

　　　　　m=14　n=21

m>n 时, m=m-n;

　　　　　m=14　n=7

m=n 时, 退出循环;

m=7n=7

(9) 123569

解析：程序中外层循环执行 3 次。

i=0　j=0~2　输出 a[0][0]、a[0][l]、a[0][2]　→　1 2 3
i=l　j=1~2　输出 a[l][l]、a[l][2]　　　　→　　5 6
i=2　j=2　　输出 a[2][2]　　　　　　　　→　　　　　9(结果连续输出，无空格)

(10) 135

解析：while 循环执行 3 次。

i=0　k[0]=&a[0]　　　*k[0]=a[0]=1
i=1　k[1]=&a[2]　　　*k[1]=a[2]=3
i=2　k[0]=&a[4]　　　*k[2]=a[4]=5

(11) 101418

解析：i=0　b[0]=a[0][2]+a[2][0]=3+7=10
i=1　b[1]=a[1][2]+a[2][1]=6+8=14
i=2　b[2]=a[2][2]+a[2][2]=9+9=18

(12) fabcde

解析：函数调用后，形参字符指针获得实参字符数组首地址，指向该字符串。

n=6　　　temp=str[5]='f'

循环 5 次，i=5~1，元素依次后移。

str [5]=str [4]='e'
str [4]=str [3]='d'
str [3]=str [4]='c'
str [2]=str [l]='b'
str [l]=str [O]='a'
strEOl=temp='f'

返回到主程序输出字符串：fabcde。

(13) x %10

解析：第一个空填入个位数字，x 除以 10 的余数即为个位数字。

(14) '\0'

解析：该语句的功能是在完全删除空格后的字符串后面加上结束标志，所以填入：'\0'。程序在循环中对字符串中的所有字符进行判断，如果不是空格，就存放到 s[j]中，同时下标 j 增 1。当统计到最后一个非空字符时，下标 j 增 1，此时 s[j]恰好用来存放结束标志。

(15) p

解析：

第一次循环：输入 10 个整数，存到数组 a 中。

第二次循环：指针 p 用来遍历数组 a 中的 10 个数据，指针 s 用来记录最大值的地址。指针 s 初始值 s=a，取得数组 a 中的第一个元素，然后数组中的 10 个元素依次和(*s)比较，只要找到大值，s 就记录下该地址(s=p)。循环完成后，s 中记录的是 10 个元素中最大元素的地址，s-a 是该最大值的下标。

2010 年 9 月笔试试题及解析

一、选择题（每小题 2 分，共 80 分）

下列各题 A）、B）、C）、D）四个选项中，只有一个选项是正确的。请将正确选项填涂在答题卡相应位置上，答在试卷上不得分。

（1）下列叙述中正确的是（   ）。

    A）线性表的链式存储结构与顺序存储结构所需要的存储空间是相同的

    B）线性表的链式存储结构所需要的存储空间一般要多于顺序存储结构

    C）线性表的链式存储结构所需要的存储空间一般要少于顺序存储结构

    D）上述三种说法都不对

（2）下列叙述中正确的是（   ）。

    A）在栈中，栈中元素随栈底指针与栈顶指针的变化而动态变化

    B）在栈中，栈顶指针不变，栈中元素随栈底指针的变化而动态变化

    C）在栈中，栈底指针不变，栈中元素随栈顶指针的变化而动态变化

    D）上述三种说法都不对

（3）软件测试的目的是（   ）。

    A）评估软件可靠性   B）发现并改正程序中的错误

    C）改正程序中的错误   D）发现程序中的错误

（4）下面描述中，不属于软件危机表现的是（   ）。

    A）软件过程不规范   B）软件开发生产率低

    C）软件质量难以控制   D）软件成本不断提高

（5）软件生命周期是指（   ）。

    A）软件产品从提出、实现、使用维护到停止使用退役的过程

    B）软件从需求分析、设计、实现到测试完成的过程

    C）软件的开发过程

    D）软件的运行维护过程

（6）面向对象方法中，继承是指（   ）。

    A）一组对象所具有的相似性质

    B）一个对象具有另一个对象的性质

    C）各对象之间的共同性质

    D）类之间共享属性和操作的机制

（7）层次型、网状型和关系型数据库划分原则是（   ）。

    A）记录长度   B）文件的大小

    C）联系的复杂程度   D）数据之间的联系方式

（8）一个工作人员可以使用多台计算机，而一台计算机可被多个人使用，则实体工作人员、与实体计算机之间的联系是（   ）。

    A）一对一   B）一对多   C）多对多   D）多对一

（9）数据库设计中反映用户对数据要求的模式是（   ）。

    A）内模式   B）概念模式   C）外模式   D）设计模式

（10）有3个关系R、S和T如下：

R		
A	B	C
a	1	2
b	2	1
c	3	1

S	
A	D
c	4

T			
A	B	C	D
c	3	1	4

则由关系R和S得到关系T的操作是（　　　）。

    A）自然连接　　　　B）交　　　　　　　C）投影　　　　　D）并

（11）以下关于结构化程序设计的叙述中正确的是（　　　）。

    A）一个结构化程序必须同时由顺序、分支、循环3种结构组成

    B）结构化程序使用goto语句会很便捷

    C）在C语言中，程序的模块化是利用函数实现的

    D）由三种基本结构构成的程序只能解决小规模的问题

（12）以下关于简单程序设计的步骤和顺序的说法中正确的是（　　　）。

    A）确定算法后，整理并写出文档，最后进行编码和上机调试

    B）首先确定数据结构，然后确定算法，再编码，并上机调试，最后整理文档

    C）先编码和上机调试，在编码过程中确定算法和数据结构，最后整理文档

    D）先写好文档，再根据文档进行编码和上机调试，最后确定算法和数据结构

（13）以下叙述中错误的是（　　　）。

    A）C程序在运行过程中所有计算都以二进制方式进行

    B）C程序在运行过程中所有计算都以十进制方式进行

    C）所有C程序都需要编译链接无误后才能运行

    D）C程序中整型变量只能存放整数，实型变量只能存放浮点数

（14）有以下定义：int a；long b；double x，y；则以下选项中正确的表达式是（　　　）。

    A）a%（int）（x-y）　　　　　　　B）a=x!=y；

    C）（a*y）%b　　　　　　　　　　D）y=x+y=x

（15）以下选项中能表示合法常量的是（　　　）。

    A）整数：1，200　　　　　　　　B）实数：1.5E2.0

    C）字符斜杠：'\'　　　　　　　　D）字符串："\007"

（16）表达式a+=a-=a=9的值是（　　　）。

    A）9　　　　　　　B）_9　　　　　　C）18　　　　　　D）0

（17）若变量已正确定义，在if（W）printf（"%d\n,k"）；中，以下不可替代W的是（　　　）。

    A）a<>b+c　　　　　　　　　　B）ch=getchar（）

    C）a==b+c　　　　　　　　　　D）a++

（18）有以下程序

```
#include<stdio.h>
main()
 {int  a=1,b=0;
if(!a)  b++;
```

```
else  if(a==0)if(a)b+=2;
                else  b+=3;
printf("%d\n",b);
}
```
程序的运行结果是（　　）。

  A）0   B）1   C）2   D）3

（19）若有定义语句 int a, b；double x；则下列选项中没有错误的是（　　）。

  A）switch(x%2)   B）switch((int)x/2.0)
```
    { case 0: a++; break;        { case 0: a++; break;
      case 1: b++; break;          case 1: b++; break;
      default : a++; b++;          default : a++; b++;
    }                                }
```
  C）switch((int)x%2)   D）switch((int)(x)%2)
```
    { case 0: a++; break;        { case 0.0: a++; break;
      case 1: b++; break;         case 1.0: b++; break;
      default : a++; b++;         default : a++; b++;
    }                    }
```
（20）有以下程序
```
#include <stdio.h>
main()
{int a=1,b=2;
  while(a<6){b+=a;a+=2; b%二10;}
  printf("%d,%d\n",a,b);
 }
```
程序的运行结果是（　　）。

  A）5, 11 B）7, 1   C）7, 11 D）6, 1

（21）有以下程序
```
 #include<stdio. h>
 main()
{int  y=10;
while(y--);
printf("Y=%d\n",Y);
}
```
程序的运行结果是（　　）。

  A）y=0 B）y=—1   C）y=1   D）while 构成无限循环

（22）有以下程序
```
#include<stdio .h>
main()
 {char s[」="rstuv";
  printf("%c\n",*s+2);
}
```

程序的运行结果是（　　）。

　　A）tuv　　　　B）字符 t 的 ASCII 码值　　C）t　　　　　D）出错

（23）有以下程序

```
#include<stdio.h>
#include<string.h>
main()
{char  x[]="STRING";
 X[0⌋=0;x[1]='\0';x[2⌋='0';
 printf("%d  %d\n",sizeof(x),strlen(x));
}
```

程序的运行结果是（　　）。

　　A）6 1　　　　　B）7 0　　　　　　C）6 3　　　D）7 1

（24）有以下程序

```
#include<stdio. h>
int   f(int  x);
main()
 {int  n=1,m;
  m=f(f(f(n)));printf("%d\n",m);
}
 int  f(int  x)
{return  x*2;}
```

程序的运行结果是（　　）。

　　A）1　　　　　　B）2　　　　　　　C）4　　　　D）8

（25）以下程序段完全正确的是（　　）。

　　A）int *p; scanf（"%d",&p）;

　　B）int *p; scanf（"%d",p）;

　　C）int k, *p=&k; scanf（"%d",p）;

　　D）int k, *p:; *p= &k; scanf（"%d", p）;

（26）有定义语句：int *p[4];以下选项中与此语句等价的是（　　）。

　　A）int p[4];　　　　　　　　　　B）int **p;

　　C）int * (p⌈4⌋)；　　　　　　　　D）int （*p)⌈4⌋；

（27）下列定义数组的语句中，正确的是（　　）。

　　A）int N=10;　　　　　　　　　B）#define N 10

　　　　int x[N];　　　　　　　　　int x[N];

　　C）int x[0..10]；　　　　　　　D）int x [ ];

（28）若要定义一个具有 5 个元素的整型数组，以下错误的定义语句是（　　）。

　　A）int a[5]={ 0 }；　　　　　　B）int b[]={0,0,0,0,0}；

　　C）int c[2+3]；　　　　　　　　D）int i=5,d[i]；

（29）有以下程序

```
#include<stdio. h>
void  f(int *p);
main()
{int  a[5] = {1,2,3,4,5},*r=a;
  f(r);printf("%d\n";*r);
}
void f(int *p)
{p=p+3;printf("%d,",*p);}
```
程序的运行结果是（   ）。

  A）1，4   B）4，4   C）3，1   D）4，1

（30）有以下程序（函数 fun 只对下标为偶数的元素进行操作）。
```
# include<stdio. h>
void fun(int*a;int n)
{int i、j、k、t;
  for (i=0;i<n—1;1+=2)
 { k=I;
    for(j=i;j<n;j+=2)if(a[j]>a [k])k=j;
    t=a[i];a [i]=a[k];a [k] = t;
 }
}
main()
{int aa「10」={1、2、3、4、5、6、7},i;
  fun(aa、7);
  for(i=0,i<7; i++) printf("%d,",aa[i]));
  printf("\n");
}
```
程序的运行结果是（   ）。

  A）7, 2, 5, 4, 3, 6, 1   B）1, 6, 3, 4, 5, 2, 7
  C）7, 6, 5, 4, 3, 2, 1   D）1, 7, 3, 5, 6; 2, 1

（31）下列选项中，能够满足"若字符串 s1 等于字符串 s2, 则执行 ST"要求的是（   ）。

  A）if（strcmp（s2,s1）==0）ST;   B）if（sl==s2）ST;
  C）if（strcpy（s1,s2）==1）ST;   D）if（sl-s2==0）ST;

（32）以下不能将 s 所指字符串正确复制到 t 所指存储空间的是（   ）。

  A）while（*t=*s）{t++;s++; }   B）for（i=0;t[i]=s[i] ;i++);
  C）do{*t++=*s++;}while（*s）;   D）for（i=0,j=0;t[i++]=s[j++];）;

（33）有以下程序（ strcat 函数用以连接两个字符串）
```
#include<stdio. h>
#include<string . h>
main()
{char a[20]="ABCD\OEFG\0",b[] = "IJK";
```

```
    strcat(a,b);printf("%s\n",a);
}
```
程序的运行结果是（   ）。

    A）ABCDE\OFG\OIJK   B）ABCDIJK

    C）IJK   D）EFGIJK

（34）有以下程序（程序中库函数 islower（ch）用以判断 ch 中的字母是否为小写字母）

```
#include<stdio.h>
#include<ctype.h>
void  fun(char*p)
 { int   i=0;
   while (p[i])
   {if(p[i]==' '&& islower(p「i-1」))
       p[i-1]=p[i-1]-'a'+'A';
   i++;
   }
 }
main()
{ char s1[100]="ab cd EFG!";
   fun(s1); printf("%s\n",s1);
}
```
程序的运行结果是（   ）。

    A）ab cd EFG!   B）Ab Cd EFg!

    C）aB cD EFG!   D）ab cd EFg!

（35）有以下程序

```
#include<stdio.h>
void  fun(int x)
{  if(x/2>1)fun(x/2);
   printf("%d",x);
}
main()
{ fun(7);printf("\n");}
```
程序的运行结果是（   ）。

    A）1 3 7   B）7 3 1   C）7 3   D）3 7

（36）有以下程序

```
#include<stdio.h>
int fun()
{  static int x=1;
   x+=1;return x;
}
```

```
main()
{int i;s=1;;
  for(i=1;i<=5;i++)s+=fun();
  printf("%d\n",s);
}
```
程序的运行结果是（   ）。

    A）11   B）21   C）6   D）120

（37）有以下程序
```
  #inctude<stdio. h>
  #include<stdlib. h>
 main()
  {int *a,*b,*c;
  a=b=c=(int*)malloc(sizeof(int));
  *a=1;*b=2,*c=3;
   a=b;
  printf("%d,%d,,%d\n",*a,*b,*c);
  }
```
程序的运行结果是（   ）。

    A）3，3，3   B）2，2，3   C）1，2，3   D）1，1，3

（38）有以下程序
```
#include<stdio. h>
main()
{int s,t,A=10;double B=6;
  s=sizeof(A);t=sizeof(B);
  printf("%d,%d\n",s,t);
}
```
在 VC6 平台上编译运行，程序运行后的输出结果是（   ）。

    A）2，4   B）4，4   C）4，8   D）10，6

（39）若有以下语句
```
Typedef struct S
{int g; char h;}T;
```
以下叙述中正确的是（   ）。

    A）可用 S 定义结构体变量   B）可用 T 定义结构体变量

    C）S 是 struct 类型的变量   D）T 是 struct S 类型的变量

（40）有以下程序
```
#include<stdio. h>
main()
{short c=124;
  c=c_____;
  printf("%d\n"、C);
}
```

若要使程序的运行结果为 248，应在下划线处填入的是（　　）。

    A）>>2　　　　　　B）248　　　　　　C）&0248　　　　　　D）<<1

二、填空题（每空 2 分，共 30 分）

请将每空的正确答案写在答题卡【1】至【15】序号的横线上，答在试卷上不得分。

（1）一个栈的初始状态为空。首先将元素 5, 4, 3, 2, 1 依次入栈，然后退栈一次，再将元素 A, B, C, D 依次入栈，之后将所有元素全部退栈，则所有元素退栈（包括中间退栈的元素）的顺序为【1】

（2）在长度为 n 的线性表中，寻找最大项至少需要比较【2】次。

（3）一棵二叉树有 10 个度为 1 的结点，7 个度为 2 的结点，则该二叉树共有【3】个结点。

（4）仅由顺序、选择（分支）和重复（循环）结构构成的程序是【4】程序。

（5）数据库设计的 4 个阶段是：需求分析，概念设计，逻辑设计【5】。

（6）以下程序运行后的输出结果是【6】。

```
#include<stdio.h>
main()
{ int a=200,b=010;
  printf("%d%d\n",a,b);
}
```

（7）有以下程序

```
#include<stdio.h>
main()
{ int  x,Y;
  scanf("%2d%ld",&x,&y);printf("%d\n",x+y);
}
```

程序运行时输入：1234567 程序的运行结果是【7】。

（8）在 C 语言中，当表达式值为 0 时表示逻辑值"假"，当表达式值为【8】时表示逻辑值"真"。

（9）有以下程序

```
#include<stdio.h>
main()
{int i,n[]={0,0,0,0,0};
  for (i=1;i<=4;i++)
  { n[i]=n[i-1]*3+1; printf("%d ",n[i]);}
}
```

程序的运行结果是【9】。

（10）以下 fun 函数的功能是：找出具有 N 个元素的一维数组中的最小值，并作为函数值返回。请填空。（设 N 已定义）

```
int fun(int x[N])
{int i,k=0;
for(i=0;i<N;I++)
```

```
if(x[i])
return x[k];
}
```
（11）有以下程序
```
#include<stdio. h>
int*f(int *p,int*q));
main()
 {int m=1,n=2,*r=&m;
r=f(r,&n);printf("%d\n",*r);
}
int*f(int *p,int*q)
{return(*p>*q)?p: q;}
```
程序的运行结果是【11】。

（12）以下 fun 函数的功能是在 N 行 M 列的整形二维数组中，选出一个最大值作为函数值返回，请填空。（设 M,. N 已定义）
```
int fun(int a[N][M])
 {int i,j,row=0,col=0;
for(i=0;i<N;I++)
for(j=0;j
if(a[i][j]>a[row][col]){row=i;col=j;}
return(【12】):
}
```

（13）有以下程序
```
#include<stdio. h>
main()
 {int  n[2],i,j;
for(i=0;i<2;i++)n[i]=0;
for(i=0;i<2;i++)
for(j=0;j<2;j++)n[[j]=nⅠiⅠ +1;
printf("%d\n",n[1]);
}
```
程序的运行结果是【13】

（14）以下程序的功能是：借助指针变量找出数组元素中最大值所在的位置并输出该最大值。请在输出语句中填写代表最大值的输出项。
```
#include<stdio. h>
main()
{int a[10],*p,*s;
 for(p=a;p-a<10;p++)scanf("%d",p);
 for(p=a,s=a;p-a<10;p++)if(*p>*s)s=p;
```

```
        printf("max=%d\n",【14】);
    }
```

（15）以下程序打开新文件 f.txt,并调用字符输出函数将 a 数组中的字符写入其中，请填空。

```
#include<stdio. h>
main()
{【15】*fp;
char a[5]={'1','2','3','4','5'},i;
fp=fopen("f . txt","w");
for(i=0;i<5;i++)fputc(a[i],fp);
fclose(fp);
}
```

【参考答案及解析】

一、选择题

（1）B

解析：线性表的顺序存储结构是把线性表中相邻的元素存放在相邻的内存单元中，而链式存储结构是用一组任意存储单元来存放表中的数据元素，为了表示出每个元素与其直接后继元素之间的关系，除了存储单元本身的信息外，还需存储一个指示其直接后继的存储位置信息。故线性表的链式存储结构所需的存储空间一般要多于顺序存储结构，答案为 B。

（2）C

解析：栈是限定在一端进行插入和删除的线性表，允许插入和删除的一端称为栈顶，不允许插入和删除的另一端称为栈底。当新元素进栈时，栈顶指针向上移动；当有元素出栈时，栈顶指针向下移动。在栈中栈底指针不变，栈中元素随栈顶指针的变化而动态变化，答案为 C

（3）D

解析：软件测试的目的是为了发现程序中的错误而运行程序。

（4）A

解析：软件危机是计算机软件在它的开发和维护过程中所遇到的一系列严重问题。主要表现在以下几个方面：软件需求的增长得不到满足；软件开发成本和进度无法控制；软件质量难以保证；软件可维护性差；软件的成本不断提高；软件开发生产率的提到赶不上硬件的发展和应用需求的增长。答案为 A

（5）A

解析：通常将软件产品从提出、实现、使用维护到使用、退役的过程称为软件生命周期。

（6）B

解析：继承是面向对象方法的一个重要特征。

广义地说，继承是指能够直接获得已有的性质和特征，不必重复定义它们。在面向对象的软件技术中，继承是指子类自动地共享基类中定义的数据和方法的机制，答案为 D。

（7）D

解析：数据库按数据模型分为层次型数据库、网状型数据库、关系型数据库，数据模型即数据之间的联系方式，答案为 D。

（8）C

解析：两个实体间的联系可分为 3 重类型：① 一对一联系，表现为主表中的一条记录与相关表中的一条记录相关联；② 一对多联系，表现为主表中的一条记录与相关表中的多条记录相关联；③ 多对多联系，表现为主表中的多条记录与相关表中的多条记录相关联。本题中一个工作人员可以使用多台计算机，一台计算机可以被多人使用。答案为 C。

（9）C

解析：模式的 3 个级别反映了模式的 3 个不同的环境，以及对它们的不同要求。其中，内模式处于最低层，反映了数据在计算机物理结构中的实际存储形式，概念模式处于中层，反映了设计者的数据全局逻辑要求，而内模式是处于最高层，反映了用户对数据的要求。答案为 C。

（10）A

解析：自然连接是最常用的一种连接，它满足下面的条件：1.两关系有公共域；2.通过公共域的相等值进行连接。

（11）C

解析：一个结构化程序可以由顺序、分支、循环三种结构组成，但不是必须同时包括，可以包括其中的一个或多个，所以 A 错误。Goto 语句会破坏程序的结构性、可读性，不得以不要用，所以 B 错误。三种基本结构构成的程序也可以解决大规模的程序，所以 D 错误。在 C 中，利用函数来实现程序的模块化，选项 C 正确。

（12）B

解析：设计一个能解决实际问题的计算机程序需要以下几个过程：① 建立模型。② 算法设计：给出解决问题的步骤，即算法。③ 算法表达：选择一种表达算法的工具，对算法进行清晰的表达。④ 编写程序：选择一种程序设计语言，把以上算法程序化，这也称为编写程序。⑤ 程序调试：对编写好的程序进行调试，修改程序中的错误。⑥ 程序文档编写与程序维护。综上所述，B 选项是符合上述描述的，其他选项不恰当。

（13）B

解析：C 程序在运行过程中所有计算都以二进制方式进行，所以 A 正确 B 错误。所有 C 程序先编译再链接，全部无误后才运行。C 程序中整型变量用于存放整数，实型变量用于存放浮点数。答案为 B。

（14）B

解析：A 选项中如果 x 与 y 的值相等那么取余就会有除数为 0 的情况。C 选项中取余的两个数据都应为整数，不能有一方为实型变量，而 a*y 的结果为 double 型；D 选项表达式本身就错误，不能给表达式赋值。答案为 B。

（15）D

解析：A 选项中 1, 200 不能表示整数 1200。B 选项中应表示为 1.5E2。在 C 语言中，反斜杠是转义符，其后必须跟有其他字符，所以 C 选项也是错误的。D 选项正确。

（16）D

解析：题干中的表达式可以分解为以下表达式：① a=9; ② a=a−a 即 a=9−9，此时 a 的

值为 0；③ a=a+a 即 a=0+0，此时 a 的值为 0.故本题的答案为 D

（17）A

解析：在 C 语言中，表示不等于不能用"<>"，而只能用"!="。

（18）A

解析：根据在 if…else 语句中，else 总是和最近的 if 配对的原则，本题中的层次关系是：if(!a) 与 else if(a==0) 是一组，在最外层。而 if(a) 与 else 是一组，位于 else if(a==0) 条件的内层。据此所有条件均不成立，所以 b 未进行任何操作仍为初始值 0。

（19）C

解析：switch() 中括号内的变量类型应该与下面 case 语句后的常量保持类型一致。使用 (int) x，可以将 x 强制转换成整型，然后与整型 2 做取余运算还是整形数据。若与数据 2.0 做取余运算，按照转换原理；向高精度的数据类型进行转换，结果就变成了实型数据。

（20）B

解析：第一次循环后 b 为 3，a 为 3；第二次循环后 b 为 6，a 为 5；第三次循环：执行 b++a，所以 b 为 11;执行 a+=2 所以 a 为 7；执行 b%=10，所以 b 为 1。

（21）B

解析：当 y 减为 1 时判断 while(y--)，此时满足条件，但是 y 变成 0。下次循环判断 while(y--) 时，因为 y 为 0 不满足条件跳出循环，但是此时也要执行 y--，所以 y 变成了 -1。

（22）C

解析：*s+2 相当于（*s）+2 即先取出 s 所指的数据然后对其加 2，s 是字符串的首地址，所以 *s 即 s[0]就是字符"r"，所以在它的 ASCII 码加上数字 2 就变成了字符"t"的 ASCII 码。

（23）B

解析：sizeof 是返回字符串在内存中所占用的空间，是真正的长度。strlen 是返回字符串的长度，不包括 '\0'。

（24）D

解析：第一次调用的是最内层的 f(n)，即 f(1)返回值 2.第二次调用中间的 f(f(n))，即 f(2)返回值 4.最后调用最外层的 f(f(f(n)))，即 f(4)返回值为 8。

（25）C

解析：A 选项输入的是指针变量 p 的地址，变量一定义就已分配好了地址不能再指定了，所以错误。

B 选项没有指定指针 p 应该指向的变量，没给变量赋初值。

D 选项中，p 是地址，*p 是地址内存放的数据，它把整型变量 k 的地址赋给了 *p，所以错误。

（26）C

解析：题目中声明的 p 表示的是有 4 个整数指针元素的数组。A 选项表示有四个整数元素的数组。B 选项表示一个指向整数指针的指针。D 选项声明了一个指针变量，它指向的是含 4 个元素的一维数组。

（27）B

解析：A 中的 N 是一个变量，不可以用变量来定义数组，所以此项错误。C 中把所有的下标均列出不正确，此处只需指明数组长度即可。D 中在定义时没有指明数组长度不正确，如果不指明长度就应在定义时对数组元素进行赋值，而此选项没有，所以错误。答案为 B。

（28）D

解析：在进行数组的定义时，不能使用变量对数组长度进行定义。其他选项均符合数组定义标准。

（29）D

解析：指针 r 所指的位置一直是数组 a 的起始地址即 a[0]的地址，而形参 p 通过传递参数开始也指向 a 数组起始地址，但通过 p=p+3 后指向了 a[3]的地址，所以先打印输出 a[3]中数据"4"，然后返回主函数输出 r 所指 a[0]中数据"1"。

（30）A

解析：由函数 fun（int*a,int n）中语句 if(a[j]>a[k]) k=j;可知当前 K 是记录数组中较大数据值所在位置的下标变量，所以该函数的作用是对数组 a 中的下标为偶数位置的数据进行从大到小排序，即对 a[0],a[2],a[4,a[6]中的数据 1，3，5，7 进行从大到小的排序，其他位置的数据不变，答案为 A。

（31）A

解析：函数 strcmp(s2,s1)的作用是比较大小，函数 strcpy(s1,s2)的作用是进行字符串复制，所以选择 A，选项 B 和 D 都是比较的字符串 S1 与 S2 的地址是否一致辞而不是比较字符串内容是否一致。

（32）C

解析：C 选项中，当复制完 S 所指字符串的最后一个非 '\0' 字符后，指针 S 指向了 '\0'，循环结束，没有将字符串结束符 0 复制到 t 中，因此 C 选项是错误的。

（33）B

解析：char *strcat(char *dest,char *src)的功能是：把 src 所指字符串添加到 dest 结尾处并添加'\0'。因为'\0'是字符串的结束标志，所以 a 数组中存放的字符串为"ABCD"，所以将两个字符串拼接后结果为"ABCDIJK"。

（34）C

解析：int islower(char ch)的功能是判断字符 c 是否为小写英文字母，当 ch 为小写英文字母（a-z）时，返回非零值，否则返回零。后面语句 p[i-1]=p[i-1]-'a'+'A'的作用是把小写字母转化为大写字母。根据判断条件可知，只有当空格字符的前一个字符为小写字符时才把小写字符变成大写，答案为 C。

（35）D

解析：本程序是一个递归函数，第一次实参为 7，第二次为 3，此时不满足条件，因为 3/2 结果为 1，等于 1 而不大于 1，所以跳过 fun(x/2)语句，执行 printf 语句，即打印出 3。然后向上返回到第一次调用打印出 7。

（36）B

解析：fun()函数中定义的变量 x 为静态局部变量，第一次循环后 x 的值为 2，s 的值为 3；第二次循环后 x 的值为 3，s 的值为 6；第三次循环后 x 的值为 4，s 的值为 10；第四次循环后 x 的值为 5，s 的值为 15；第五次循环后 x 的值为 6，s 的值为 21。

（37）A

解析：根据程序可以分析出系统只分配了一个整型数据的存储空间，把这个空间的地址分别赋给了指针型变量 a、b 和 c。程序利用指针 a 把数据 1 写入了该空间，然后利用指针 b，把数据 2 写入该空间，所以原来的 1 就被覆盖掉了，最后用指针 c 把数据 3 写入该空间把数据 2 覆盖掉了, 此空间中最后留有的数据是 3。因为 3 个指针都指向该空间, 所以输出数据均为 3。

（38）C

解析：sizeof 的作用就是返回一个对象或者类型所占的内存字节数。在 VC6 中整型占 4 个字节，双精度实型占 8 个字节，答案为 C。

（39）B

解析：此题考察的是结构体的定义方式。S 是我们定义的结构体的名字，在题目中顺便将 T 定义为 struct S 类型，即 T 被定义为一个类型名。这样就可以用 T 来定义说明新的变量了。在此 S 与 T 都不是变量的名称。

（40）D

解析：短整型在存储时占用 16 位，按照移位运算，如果右移两位就等于原数除以 4，结果为 31，如果左移一位相当于原数乘以 2 结果为 248。

二、填空题

（1）1DCBA2345

解析：栈是按照"先进后出"的原则组织数据。当 54321 入栈后，进行退栈操作，出栈元素是 1，然后 ABCD 入栈，再将所有的元素退栈。

（2）1

解析：线型表中，如果元素按从小到大的顺序排列且查找从后向前进行时，比较 1 次即能找到最大值，这时查找比较次数最少，故至少比较次数为 1 次。

（3）25

解析：在二叉树中，根据性质，度为 0 的结点是度为 2 的结点个数+1，故二叉树中结点总和为度为 0 的结点数、度为 1 的结点数以及度为 2 的结点数三者相加，即 8+10+7。

（4）结构化

解析：结构化程序是程序设计的先进方法和工具。

（5）物理设计

解析：数据库设计的 4 个阶段是需求分析、概念设计、逻辑设计和物理设计。

（6）2008

解析：整型变量 a 的值为 200，b 的值"010"是用八进制表示的"10"即十进制的"8"，最后输出格式均为%d，即十进制格式，所以输出为"2008"。

（7）15

解析：可以指定输入数据所占列宽，系统自动按所指定的格式截取所需数据。%2d 即将输入数据的 2 个列宽的数据赋给变量 x，因为输入的为"1234567"，所以前两个列宽的数据为 12，即 x 的值为 12，同理%1d 即把输入数据中前两个列宽所在数据后的一个列宽的数据赋给变量 y，所以 y 的值为 3，所以 x+y 的值为 15。

（8）非 0

解析：在 C 中 0 表假非 0 表真

（9）4 13 40

解析：第一次循环结果为：n[1]=0*3+1，即 n[1]的值为 1；第二次循环结果为：n[2]=1*3+1，即 n[2]的值为 4；第三次循环结果为：n[3]=4*3+1，即 n[3]的值为 13；第四次循环结果为：

n[4]=13*3+1，即 n[4]的值为 40。

（10）i

解析：通过函数中语句 return x[k]；可知 x[k]表示的是一维数组中最小的值，所以当 x[i]小于 x[k]所代表的数值后应将 i 变量赋给 k 变量，使得 x[k]表示当前值较小的那个数据。

（11）2

解析：本题中 f 函数的 功能是返回指针 p 与指针 q 所指的元素中较大的那个元素的地址，从函数调用可知，在参数传递过程中变量 m 的地址传了指针 p，变量 n 的地址传给了指针 q，因为 n 的值 2 大于 m 的值 1，所以返回的变量 n 的地址。在主函数中用来接收 f 函数返回值的变量是指针变量 r，所以 r 就变成了 变量 n 的地址，所以*r 即为 2。

（12）a[row] [col]

解析：通过程序可以看出，外循环是行，内循环是列。先行不变的情况下找一行内最大的数据进行记录。通过语句 if（a[i] [j]>a[row] [col]）{row=I;col=j;}可知，如果变量 a[i] [j]大于 a[row] [col]，将 i 赋给了 row，将 j 赋给了 col，所以 a[row] [col]是记录当前最大值的变量。

（13）3

解析：通过第一次 for(i=0;i<2;i++)n[i]=0；的循环语句可知，已经将数组 n 中的两个元素都赋初值为 0.接下来的循环中，第一次循环，外循环 i=0 的前提下：内循环 j=0 时，运行完 n[0]=n[0]+1 后 n[0]为 1；j=1 时，运行完 n[1]=n[0]+1 后，n[1]为 2.。同理，在第二次循环，当外循环 i=1 的前提下，运行内循环 j=0,j=1。

（14）*s

解析：因为题目中有 if(*p>*s)s=p;语句，可知如果 p 所指的元素的值比 s 所指的元素的值大，就把指针 p 的地址赋予指针 s，即 s 指向当前值最大的元素，所以最后应输出的元素的值为*s。

（15）FILE

解析：在这里需要定义文件指针，定义文件指针的格式为：FILE *变量名。

2011 年 9 月笔试试题及解析

一、选择题（每题 2 分，共 80 分）

（1）下列叙述中正确的是（   ）。

　　A）算法就是程序　　　　　　　　B）设计算法时只需考虑数据结构的设计

　　C）设计算法时只需考虑结果的可靠性　　D）以上三种说法都不对

（2）下列关于线性链表的叙述中，正确的是（   ）。

　　A）各个数据结点的存储空间可以不连续，但它们的存储顺序与逻辑顺序必须一致

　　B）各个数据结点的存储顺序与逻辑顺序或以不一致，但它们的存储空间必须连续

　　C）进行插入与删除时，不需要移动表中的元素

　　D）以上三种说法都不对

（3）下列关于二叉树的叙述中，正确的是（   ）。

　　A）叶子结点总是比度为 2 的结点少一个

　　B）叶子结点总是比度为 2 的结点多一个

　　C）叶子结点数是度为 2 的结点数的两倍

　　D）度为 2 的结点是度为 1 的结点数的两倍

（4）软件按功能可以分为应用软件、系统软件和支撑软件（或工具软件）。下面属于应用软件的是（　　）。

  A）学生成绩管理系统   B）C 语言编译程序

  C）UNIX 操作系统   D）数据库管理系统

（5）某系统总体结构图如下所示。

则该系统总体结构图的深度是（　　）。

  A）7   B）6   C）3   D）2

（6）程序测试的任务是（　　）。

  A）设计测试用例   B）验证程序的正确性

  C）发现程序中的错误   D）诊断和改正程序中的错误

（7）下列关于数据库设计的叙述中，正确的是（　　）。

  A）在需求分析阶段建立数据字典 B）在概念设计阶段建立数据字典

  C）在逻辑设计阶段建立数据字典 D）在物理设计阶段建立数据字典

（8）数据库系统的三级模式不包括（　　）。

  A）概念模式 B）内模式   C）外模式   D）数据模式

（9）有三个关系 R、S 和 T 如下：

	R	
A	B	C
a	1	2
b	2	1
C	3	1

	S	
A	B	C
a	1	2
b	2	1

	T	
A	B	C
c	3	1

则由关系 R 和 S 得到关系 T 的操作是（　　）。

  A）自然连接 B）差   C）交   D）并

（10）下列选项中属于面向对象设计方法主要特征的是（　　）。

  A）继承   B）自顶向下   C）模块化   D）逐步求精

（11）以上叙述中错误的是（　　）。

  A）C 语言编写的函数源程序，其文件名后缀可以是 C

  B）C 语言编写的函数都可以作为一个独立的源程序文件

  C）C 语言编写的每个函数都可以进行独立的编译并执行

  D）一个 C 语言程序只能有一个主函数

（12）以下选项中关于程序模块化的叙述错误的是（　　）。

  A）把程序分成若干相对独立的模块，便于编码和调试

  B）把程序分成若干相对独立、功能单一的模块，可便于重复使用这些模块

  C）可采用自底向上、逐步细化的设计方法把若干独立模块组装成所要求的程序

  D）可采用自顶向下、逐步细化的设计方法把若干独立模块组装成所要求的程序

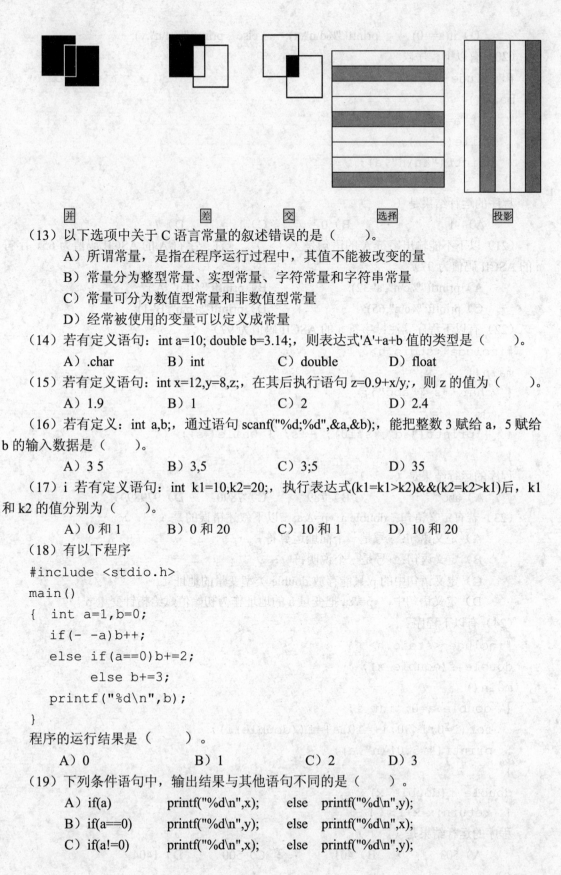

| 开 | 圈 | 交 | 选择 | 投影 |

（13）以下选项中关于 C 语言常量的叙述错误的是（　　）。

A）所谓常量，是指在程序运行过程中，其值不能被改变的量

B）常量分为整型常量、实型常量、字符常量和字符串常量

C）常量可分为数值型常量和非数值型常量

D）经常被使用的变量可以定义成常量

（14）若有定义语句：int a=10; double b=3.14;，则表达式'A'+a+b 值的类型是（　　）。

A）.char　　　　　B）int　　　　　C）double　　　　　D）float

（15）若有定义语句：int x=12,y=8,z;，在其后执行语句 z=0.9+x/y;，则 z 的值为（　　）。

A）1.9　　　　　B）1　　　　　C）2　　　　　D）2.4

（16）若有定义：int a,b;，通过语句 scanf("%d;%d",&a,&b);，能把整数 3 赋给 a，5 赋给 b 的输入数据是（　　）。

A）3 5　　　　　B）3,5　　　　　C）3;5　　　　　D）35

（17）i 若有定义语句：int k1=10,k2=20;，执行表达式(k1=k1>k2)&&(k2=k2>k1)后，k1 和 k2 的值分别为（　　）。

A）0 和 1　　　　B）0 和 20　　　　C）10 和 1　　　　D）10 和 20

（18）有以下程序

```
#include <stdio.h>
main()
{  int a=1,b=0;
   if(- -a)b++;
   else if(a==0)b+=2;
        else b+=3;
   printf("%d\n",b);
}
```

程序的运行结果是（　　）。

A）0　　　　　　B）1　　　　　　C）2　　　　　D）3

（19）下列条件语句中，输出结果与其他语句不同的是（　　）。

A）if(a)　　　printf("%d\n",x);　　else　printf("%d\n",y);

B）if(a==0)　printf("%d\n",y);　　else　printf("%d\n",x);

C）if(a!=0)　printf("%d\n",x);　　else　printf("%d\n",y);

D）if(a==0)　　　　printf("%d\n",x);　　　else　printf("%d\n",y);

（20）有以下程序段

```
#include <stdio.h>
main()
{  int a=7;
   while(a- -);
   printf("%d\n",a);
}
```

程序的运行结果是（　　　）。

　　A）-1　　　　　　　　B）0　　　　　C）1　　　　　D）7

（21）以下不能输出字符 A 的语句是（　　　）。（注：字符 A 的 ASCII 码值为 65，字符 a 的 ASCII 码值为 97）

　　A）printf("%c\n",'a'-32);　　　　　B）printf("%d\n",'A');

　　C）printf("%c\n",65);　　　　　　　D）printf("%c\n",'B'-1);

（22）有以下程序（注：字符 a 的 ASCII 码值为 97）

```
#include <stdio.h>
main()
{  char *s={"abc"};
   do
   { printf("%d",*s%10); ++s; } while(*s);
}
```

程序的运行结果是（　　　）。

　　A）abc　　　　　　　B）789　　　　C）7890　　　D）979899

（23）若有定义语句：double a, *p=&a;　以下叙述错误的是（　　　）。

　　A）定义语句：*号是一个简址运算符

　　B）定义语句：*号是一个说明符

　　C）定义语句中的 p 只能存放 double 类型变量的地址

　　D）定义语句中，*p=&a 把变量 a 的地址作为初始值赋给指针变量 p

（24）有以下程序

```
#include <stdio.h>
double f(double x);
main()
{  double a=0; int i;
   for(i=0;i<30;i+=10)a+=f((double)i);
   printf("%5.0f\n",a);
}
double f(double x)
{  return x*x+1;  }
```

程序的运行结果是（　　　）。

　　A）503　　　B）401　　　　　C）500　　　D）1404

（25）若有定义语句：int year=2009, *p=&year;，以下不能使变量 year 中的值增至 2010 的语句是（   ）。

  A）*p+=1;   B）(*p)++;   C）++(*p);   D）*p++;

（26）以下定义数组的语句错误的是（   ）。

  A）int num[]={1,2,3,4,5,6};   B）int num[][3]={{1,2},3,4,5,6};

  C）int num[2][4]={{1,2},{3,4},{5,6}}; D）int num[][4]={1,2,3,4,5,6};

（27）有以下程序

```
#include <stdio.h>
void fun(int *p)
  { printf("%d\n",p[5]); }
main()
  { int a[10]={1,2,3,4,5,6,7,8,9,10};
    fun(&a[3]);
  }
```

程序的运行结果是（   ）。

  A）5   B）6   C）8   D）9

（28）有以下程序

```
#include <stdio.h>
#define N 4
void fun(int a[][N], int b[])
{ int i;
  for(i=0;i<N;i++) b[i]=a[i][i]-a[i][N-1-i];
}
main()
{ int x[N][N]={{1,2,3,4},{5,6,7,8},{9,10,11,12},{13,14,15,16}},
    y[N],i;
  fun(x,y);
  for(i=0;i<N;i++)printf("%d",y[i]); printf("\n");
}
```

程序的运行结果是（   ）。

  A）-12,-3,0.0,   B）-3,-3,1,3 C）0,1,2,3   D）-3,-3,-3,-3

（29）有以下函数

```
int fun(char *x, char *y)
{ int n=0;
  while((*x==*y)&&*x!= '\0') {x++; y++; n++;}
  return n;
}
```

函数的功能是（   ）。

  A）查找 x 和 y 所指字符串中是否有'\0'

  B）统计 x 和 y 所指字符串中最前面连续相同的字符个数

C）将 y 所指字符串中赋给 x 所指的存储空间

D）统计 x 和 y 所指字符串中相同的字符个数

（30）若有定义语句：char *s1="OK", *s2="ok";，以下选项中，能够输出"OK"的语句是（　　）。

A）if(strcmp(s1,s2)==0)　puts(s1);　　　B）if(strcmp(s1,s2)!=0)　puts(s2);

C）if(strcmp(s1,s2)==1)　puts(s1);　　　D）if(strcmp(s1,s2)!=0)　puts(s1);

（31）以下程序的主函数中调用了在其前面定义的 fun 函数

```
#include <stdio.h>
    :
main()
{   double a[15], k;
    k=fun(a);
    :

}
```

则以下选项中错误的 fun 函数的首部是（　　）。

A）double fun(double a[15])　　　　B）double fun(double *a)

C）double fun(double a[])　　　　　D）double fun(double a)

（32）有以下程序

```
#include <stdio.h>
#include <string.h>
main()
{   char a[5][10]={ "china","beijing","you","tiananmen","welcome"s};
    int i,j;   char t[10];
    for(i=0;i<4;i++)
      for(j=i+1;j<5;j++)
        if(strcmp(a[i],a[j])>0)
          {strcpy(t,a[i]);   strcpy(a[i],a[j]);   strcpy(a[j],t);}
    puts(a[3]);
}
```

程序的运行结果是（　　）。

A）beijing　　　　B）china　　　　C）welcome　　　　D）tiananmen

（33）有以下程序

```
#include <stdio.h>
int f(int m)
{   static int n=0;
    n+=m;
    return n;
}
main()
{   int n=0;
```

```
    printf("%d,",f(++n));
    printf("%d\n",f(n++));
}
```
程序的运行结果是（　　）。

  A）1,2   B）1,1   C）2,3   D）3,3

（34）有以下程序

```
#include <stdio.h>
main()
{   char ch[3][5]={ "AAAA","BBB","CC"};
    printf("%s\n",ch[1]);
}
```
程序的运行结果是（　　）。

  A）AAAA   B）CC   C）BBBCC   D）BBB

（35）有以下程序

```
#include <stdio.h>
#include <string.h>
void fun(char *w, int m)
{   char s, *p1, *p2;
    p1=w; p2=w+m-1;
    while(p1<p2) {s=*p1; *p1=*p2; *p2=s; p1++; p2--;}
}
main()
{   char a[]="123456";
    fun(a,strlen(a));    puts(a);
}
```
程序的运行结果是（　　）。

  A）654321   B）116611   C）161616   D）123456

（36）有以下程序

```
#include <stdio.h>
#include <string.h>
typedef struct {char name[9]; char sex; int score[2]; }  STU;
STU f(STU a)
{   STU b={"Zhao",'m',85,90};
    int i;
    strcpy(a.name,b.name);
    a.sex=b.sex;
    for(i=0;i<2;i++) a.score[i]=b. score[i];
    return a;
}
main()
```

```
{   STU c={"Qian",'f',95,92}, d;
    d=f(c);
    printf("%s,%c,%d,%d,",d.name, d.sex, d.score[0], d.score[1]);
    printf("%s,%c,%d,%d\n",c.name, c.sex, c.score[0], c.score[1]);
}
```

程序的运行结果是（　　　）。

  A）Zhao,m,85,90,Qian,f,95,92   B）Zhao,m,85,90, Zhao,m,85,90

  C）Qian,f,95,92, Qian,f,95,92   D）Qian,f,95,92, Zhao,m,85,90

（37）有以下程序

```
#include <stdio.h>
main()
{   struct node { int n;  struct node *next;} *p;
    struct node x[3]={{2, x+1},{4, x+2},{6, NULL}};
    p=x;
    printf("%d,",p->n);
    printf("%d,",p->next->n);
}
```

程序的运行结果是（　　　）。

  A）2,3   B）2,4   C）3,4   D）4,6

（38)有以下程序

```
#include <stdio.h>
main()
{    int a=2,b;
     b=a<<2;  printf("%d,\n",b);
}
```

程序的运行结果是（　　　）。

  A）2   B）4   C）6   D）8

（39）以下选项中叙述错误的是（　　　）。

   A）C语言函数中定义的赋有初值的静态变量，每调用一次函数，赋一次初值

   B）在 C 程序的同一函数中，各复合语句内可以定义变量，其作用域仅限于本复合
      语句内

   C）C 程序函数中定义的自动变量，系统不自动赋确定的初值

   D）C 程序函数的形参不可以说明为 ststic 型变量

（40）有以下程序

```
#include <stdio.h>
main()
{   FILE *fp;
    int k,n,i,a[6]={1,2,3,4,5,6};
    fp=fopen("d2.dat","w");
    for(i=0;i<6;i++) fprintf(fp, "%d,",a[i]);
```

```
    fclose(fp);
    fp=fopen("d2.dat","r");
    for(i=0;i<3;i++) fscanf(fp, "%d%d",&k,&n);
    fclose(fp);
    printf("%d,%d\n",k,n);
}
```

程序的运行结果是（　　　）。

  A）1,2 B）3,4 C）5,6   D）123,456

二、填空题（每空 2 分，共 30 分）

请将每空的正确答案写在答题卡【1】至【15】序号的横线上，答在试卷上不得分。

（1）数据结构分为线性结构和非线性结构，带链的栈属于【1】。

（2）在长度为 n 的顺序存储的线性表中插入一个元素，最坏情况下需要移动表中【2】个元素 。

（3）常见的软件开发方法有结构化方法和面向对象方法。对某应用系统经过需求分析建立数据流图（DFD），则应采用【3】方法。

（4）数据库系统的核心是【4】。

（5）在进行关系数据库的逻辑设计时，E—R 图中的属性常被转换为关系中的属性，联系通常被转换为【5】。

（6）若程序中已给整型变量 a 和 b 赋值 10 和 20，请写出按以下格式输出 a、b 值的语句【6】。

****a=10,b=20****

（7）以下程序运行后输出结果是【7】。

```
#include <stdio.h>
main()
{  int a=37;
   a%=9;   printf("%d\n",a);
}
```

（8）以下程序运行后输出结果是【8】。

```
#include <stdio.h>
main()
{  int i, j;
   for(i=6;i>3;i--)  j=i;
   printf("%d%d\n",i,j);
}
```

（9）以下程序运行后输出结果是【9】。

```
#include <stdio.h>
main()
{  int i,n[]={0,0,0,0,0};
     for(i=1;i<=2;i++)
       {  n[i]=n[i-1]*3+1;
```

```c
        printf("%d ",n[i]);
        }
    printf("\n");
    }
```

（10）以下程序运行后的输出结果是 【10】 。

```c
#include <stdio.h>
main()
{   char a;
    for(a=0;a<15;a+=5)
     {  putchar(a+'A'); }
     printf("\n");
}
```

（11）以下程序运行后输出结果是【11】。

```c
#include <stdio.h>
void fun(int x)
{  if(x/5>0)  fun(x/5);
    printf("\%dn",x);
}
main()
{  fun(11); printf("\n"); }
```

（12）有以下程序

```c
#include <stdio.h>
main()
{   int c[3]={0}, k ,i;
    while((k=getchar()!='\n')
        c[k-'A']++;
    for(i=0;i<3;i++)printf("%d",c[i]); printf("\n");
}
```

若程序运行时从键盘输入 ABCACC<CR>，则输出结果为【12】。

（13）以下程序运行后的输出结果是 【13】 。

```c
#include <stdio.h>
main()
{  int n[2] , i, j;
    for(i=0;i<2;i++)  n[i]=0;
    for(i=0;i<2;i++)
        for(j=0;j<2;j++) n[j]=n[i]+1;
    printf("%d\n",n[1]);
}
```

（14）以下程序调用 fun 函数把 x 中的值插入到 a 数组下标为 k 的数组元素中。主函数中，n 存放 a 数组中数据的个数。请填空。

```
#include <stdio.h>
void fun( int s[], int *n, int k, int x)
{   int i;
    for(i=*n-1; i>=k; i- -) s[【14】]=s[i];
    s[k]=x;
    *n=*n+【15】;
}
main()
{   int a[20]={1,2,3,4,5,6,7,8,9,10,11}, i, x=0, k=6, n=11;
    fun(a, &n, k,x);
    for(i=0;i<n;i++) printf("%4d",a[i]);  printf("\n");
}
```

【参考答案及解析】

一、选择题

（1）D

解析："软件的主体是程序，程序的核心是算法"，算法是解决问题的方法与步骤，采用某种程序设计语言对问题的对象和解题的步骤进行描述的是程序。它与数据结构、运算结果的状态无关。

（2）C

解析：线性数据结构有线性表、栈和队列等 ，而线性链表是数据的存储结构，它全面地反映数据元素自身的信息和数据元素之间的关系，即每个元素存储有链接到下一个元素的信息，所以插入与删除时毋须移动表中元素。

（3）B

解析：二叉树的结构定义：

叶子结点是指终端结点；非叶子结点是指分支结点；

二叉树的深度是指高度；若是完全二叉树，可由性质4公式计算而得；

结点的度：二叉树结点的度数指该结点所含子树的个数；度为2 就是有2个孩子结点的结点；

二叉树的四大性质。

【性质1】在二叉树的第 i 层上至多有 2^{i-1} 个结点。

【性质2】深度为 k 的二叉树上至多含 2^k-1 个结点。

【性质3】对任何一棵二叉树 T，若它含有 n_0 个叶子结点（0度节点）、度为2的结点数为 n_2，则必有：$n_0=n_2+1$。

【性质4】具有 n 个结点的完全二叉树的深度为 $[\log_2(n)]+1$。例：一棵完全二叉树共有64 个结点，深度为 $[\log_2(64)]+1=7$

答案根据：叶子结点是指终端结点，当然比度为2的结点多一个

（4）A

解析：系统软件包括操作系统（UNIX）、程序编译程序、数据库管理系统等三大大部分，所以学生成绩管理系统是应用软件。

（5）C

解析：这里的深度是指软件系统总体结构层次。

（6）D

解析：程序测试包括模块测试、系统测试和验收测试三大部分。模块测试是分别测试系统中每一模块功能是否满足设计要求；系统测试是确定子系统模块在联调时，能否协调地完成预定的功能；验收测试是为系统投入前实际使用的证明。题目所问的主要是指模块测试。

（7）A

解析：根据"数据库系统概论"一书称，数据字典在"数据分析"阶段中由收集到的数据着手编制数据字典。另据南大出版社"大学计算机信息技术教程"（第三版）称，数据库设计分"系统规划"、"系统分析"、"系统设计（由概念设计、逻辑设计和物理设计组成）"和"系统实施"组成。编制数据流图（DFD）和数据字典（DD）是属于系统分析的任务。

（8）D

解析：数据库系统的三级模式结构是指数据库系统是由模式、外模式和内模式三级构成的。其中模式也称逻辑模式或概念模式，是数据库中全体数据的逻辑结构和特征的描述，是所有用户的公共数据视图。外模式也称用户模式，它是数据库用户能够看见和使用的局部数据的逻辑结构和特征的描述，是数据库用户的数据视图，是与某一应用有关的数据的逻辑表示。内模式也称存储模式，一个数据库只有一个内模式。它是数据物理结构和存储方式的描述，是数据在数据库内部的表示方式，所以正确答案为D。

（9）B

解析：关系运算中传统运算有并、差、交和笛卡尔积；专门关系运算有选择、投影连接和除法运算。根据题意R关系减去S得T关系为差运算，选B。

（10）A

解析：开发信息系统有结构化生命周期法（自顶向下、逐层分解、逐步求精分析系统和分模块实施）、原型法、面向对象开发设计方法（突出的是需求分析、可维护性和可靠性有突破，主要特征是继承性）和CASE法（Computer Aided Software Engineering）。

（11）C

解析：C语言编写的某些函数是依附于主调函数而存在的，它不能独立编译并执行的。

（12）C

解析：根据开发软件的生命周期法原则，是采用可采用自顶向下、逐步细化的设计方法把若干独立模块组装成所要求的程序，来完成程序模块化设计的。

（13）D

解析：常量是指在程序中不变的量，既然程序中已定义为变量，则不可能再定义为常量。

（14）C

解析：根据表达式运算规则，所有数据在混合运算中，一律向上一级换算原则。本题最高级是双精度，所以最后表达式类型应是double。

（15）B

解析：如第(14)解析所述，C语言对于表达式运算0.9+x/y后的值是1.9，但给整型量z值，则去掉小数为1。

（16）C

解析：如果在格式控制字符串中除了格式说明以外还有其他字符，则在输入数据时在对应位置应输入与这些字符相同的字符，所以选 C。

（17）B

解析：a&&b&&c，只要 a 为 0，则不必判别 b 和 c；若 a 为 1 才判别 b；若 b 为 0，则不必判别 c。现题目逻辑表达式左边(k1=k1>k2)为 0，右边不再判别，所以答案是 a 为 0；b 仍为原值 20。

（18）C

解析：此题非常简单，变量 a 运算前自减 1，变为 0，所以只执行了 b+=2 语句就输出为 2。

（19）D

解析：当 a 为 0 时 A）逻辑判断值为 0，输出 y；B）逻辑判断值为 1，输出 y；C）逻辑判断值为 0，输出 y；D）逻辑判断值 a==0 为 1，输出 x

（20）A

解析：while(a--);是一句无执行句的循环语句，且变量 a 是变为 0 后跳出循环，并且又自减 1 为–1。

（21）B

解析：输出字符取决于输出语句的格式说明符，显然 B）输出是数值 65。

（22）B

解析：本题是考查考生能否区别"指针变量"与"指针变量的值"。前者是地址；后者是指针变量所指地址内的量。此题指针变量 s 指向"字符串数组"的起始地址，*s 是 s 指向的字符，例如，刚开始时*s 值为字符"a"，即数值 97，++s 后指针移向"b",即数值 98，当 s 移向字符 c 后面一个字符为"\0"，则其值为 0，退出循环结束。

（23）A

解析：*号是一种表示单目运算的指针运算符，简称"间接访问运算符"

（24）A

解析：主函数循环为 1.0+101.0+401.0=503.0，即 a 显示为 503

（25）D

解析：此题测试考生对运算符优先级判别和表达式运算法则中结合方向的判断：根据运算符优先级规定，*是 2 级，+=j 是 14 级；++是 2 级。

A）*p+=1; 等效于 year=year+1

B）(*p)++等效于 year++（"C 语言程序设计" P224）

C）++(*p) 等效于 year++

D）*p++; 由于两个运算符处于同一级别，且结合方向自右而左，等效于*(p++)，这样 p 不指向 year 了，year 维持不变，p 指向 year 下一个地址的值，上机调试下一个地址的值为 1245120。

（26）C

解析：首先是测试数组下标的定义正确性，应该都是正确的；其次测试对数组赋值的正确性：

A）赋值后一维数组下标自动取 6；

B）赋值后二维数组下标取为 3 行 3 列{{1,2,0},{3,4,0},{5,6,0}}；

C）二维数组是二行四列，但赋了三行四列的值，调试时出现如下：error C2078: too many

initializers。

D）赋值后二维数组下标取为 2 行 4 列：{{1,2,3,4},{5,6,0,0}}是正确的。

（27）D

解析：本题考核考核学生掌握指针变量与数组之间关系,主函数将 a[3]地址传给函数 fun,此时函数 fun 中的*p 接收的是以首地址值为 4 的数组 p[7],故 p[5]数组元素值应是 9。

（28）B

解析：由于函数调用采用数组名为首地址共享方式,只要判别 b[0]、b[3]即可确定答案：由函数 fun 中 b[0]=x[0][0]–x[0][3]=1–4=–3 确定答案只有 A 和 D；其次计算 b[3]=x[3][3]–x[3][0]=16–13=3。由此可知答案是 B。

（29）B

解析：循环执行只有在 x 和 y 所指字符串中最前面连续相同,并统计其个数（存放在变量 n 中）,一旦不满足连续相同,则终止循环而函数返回相同个数 n。

（30）D

解析：字符串比较库函数 strcmp 要求两个参数是地址和设置头文件#include <string.h>。返回值：s1<s2 为"–1"; s1=s2 为 0; s1>s2 为"1"。且"OK"<"ok",只有 A、C、D 才能输出"OK",A）、C）被排除,剩下 D）,有可能存在关系：s1>s2 或 s1<s2,前者返回"–1"；后者返回"1",两者均能输出"OK"的条件。

严格来讲此题目应改为 D）if(strcmp(s1,s2)<0)　　puts(s1);为妥。

（31）D

解析：函数调用时要求数组地址共享,达到数据返回的目的。要求主函数实参用数组名；被调函数的形参用 A）　double a[15]、B）double *a、C）double a[]均为合法。D）形式参数是只进不出变量 a。

（32）C

解析：这是一个字符串升序排列程序,最后排成次序为：

```
beijing  china  tiananmen  welcome  you 并存放在字符串数组 a[5]中。
puts(a[3]);输出为 C)welcome
```

（33）A

解析：所有函数中变量初始值为随机数,但含有 static 的变量属于静态变量,初始值为 0,且主调函数调用后不释放,再次调用时能在上次调用后值的基础上,再次参加运算。所以主函数第一次调用显示"1,",第二次调用,由于 n++,所以显示为 1+1=2。

（34）D

解析：对于字符串二维数组,每一个字符串,均可用一维数组来表示。即 ch[0]表示 AAAA；ch[1]表示 BBB；ch[2]表示 CC。

（35）A

解析：被调函数是一个将共享地址的字符串变量倒序重排后返回的通用函数。第一次 s=*p1; *p1=*p2; *p2=s;是：w 数组,亦即 a 数组变为 623451……

（36）A

解析：STU 是用户用 typedef 自定义的结构体类型。调用函数是将{"Zhao",'m',85,90}返回给自定义结构体变量 d；但是自定义结构体变量 c({"Qian",'f',95,92}, d;)并未改变。

（37）B

解析：这是一道简单的链表数值显示。相当于：2, &x[1]→4,&x[2] →6,NULL(结束符),

p->n 显示为 2；p->next-n 显示为 4。

（38）D

解析：这是一道简单的位运算题目，首先将 a 值化成二进制"0000 0010"，按照左移运算符要求，将其左移二位得"0000 1000"，即得十进制数 8。

（39）A

解析：正确说明是 C 语言函数中定义的赋有初值的静态变量(例如 static)，每调用一次函数，保留调用后数值，新调用时，在上一次数值基础上运算。

（40）C

解析：这是文件写、读操作，读操作时三次给 k 和 n 重复赋值：1,2→3,4→5,6。最后 k 和 n 值分别为 5,6。

二、填空题

（1）线性结构

解析：栈和队列是两种特殊的线性表。

（2）n

解析：极端情况下是插在第一个元素前面。

（3）结构化(SA，Structured Analysis)

解析：SA 方法从最上层组织机构入手，采用自顶向下逐层分解的方法分析系统。

（4）数据库管理系统或 DBMS

解析：数据库管理系统是对数据进行管理的软件系统，它是数据库系统的核心软件。

（5）关系

解析：E-R 图中联系转换为关系模型中的"关系"。

（6）printf("****a=%d,b=%d****\n");

（7）1

解析：函数较简单，是取余运算：给 a 赋值为 37%9，余 1。

（8）34

解析：这是考核考生在认识循环语句中循环变量在退出循环时变化

（9）14

解析：比较简单的循环语句

（10）AFK

解析：比较简单的字符输出的循环语句

（11）211

解析：这是一道比较比较简单的一层"函数递归调用"题。关键是记住每一层原始状态，此题第一次调用函数时，x/5/5>0 等于 1，递归调用本函数，由于 x/5/5>0 等于 0，输出 x 为 11/5=2，而第一次调用时 x 为 11，所以最终输出 211。

（12）213

解析：这是一个统计输入字符个数的通用程序。其中关键的是，计算机对字符存放采用小于 127 的二进制形式，例如字符'A'存入计算机是 0100 0001。赋值时 65、0x41、0101、'A'、'\x41'和'\101'六种形式，均以 0100 0001 存入计算机硬盘；输出时格式为%x 为 41，格式为%c 为 A，格式为%d 为 65。

（13）3

解析：这是多重循环累加题，i=0 时 j 做了两次，使 n[0]变为 1，n[1]变为 2；i=0 时 j 做了两次，使 n[0]变为 3，n[1]变为 3。

（14）i+1

（15）1

解析：这是一道函数实参与形参如何搭配或称数据传输的题目。主函数数组 a 与函数 fun 的数组共享同一地址；主函数中变量 n 与函数变量*n 共享同一地址。

题目要求是需要将 0 插入到 7 之前。

参 考 文 献

[1] 谭浩强. C 语言程序设计教程. 北京：清华大学出版社，2007.

[2] 谭浩强. C 语言程序设计. 3 版. 北京：清华大学出版社，2010.

[3] 张思卿. C 语言程序设计. 郑州：郑州科技学院校编讲义，2011.

[4] 张思卿. C 语言程序设计上机指导. 郑州：郑州科技学院校编讲义，2011.

[5] 刘振安. C 语言程序设计. 2 版. 北京：清华大学出版社，2008.

[6] 高华. C 语言程序设计. 北京：清华大学出版社，2011.